»Das Original«

MUSTANG

1964½ –1966

HEEL

Rechts:
Nur 1,3 % der Mustang-Käufer entschieden sich 1965 für die leistungsstarke K-Code-Motorvariante. Die Dual-Redline-Reifen waren Standard beim K-Code, während die Nebelscheinwerfer, die seitlichen Zierstreifen und die speziellen Embleme Teil der GT-Ausstattung waren. Dieser spektakuläre 1965er Mustang Fastback GT trägt die Außenfarbe Raven Black (Farbcode A).

Colin Date

DAS ORIGINAL
MUSTANG
1964½ bis 1966

HEEL

IMPRESSUM

HEEL Verlag GmbH
Gut Pottscheidt
53639 Konigswinter
Telefon 0 22 23 / 92 30-0
Telefax 0 22 23 / 92 30 13
Mail: info@heel-verlag.de
Internet: www.heel-verlag.de

Der Originaltitel „Collector's Originality Guide Mustang 1964½ – 1966" ist erschienen bei:
MBI Publishing Company
400 First Avenue North, Suite 300
Minneapolis, MN 55401
USA

Deutsche Übersetzung: Kai Huwer
Lektorat: Jost Neßhöver
Layout und Cover der deutschen Ausgabe:
gb-s Mediendesign, Königswinter
Coverfoto: Andreas Goinar

Printed in Slovakia

ISBN 978-3-95843-775-3

Foto Inhaltsseite:
Ein früher 1965er Mustang A-Code in Poppy Red

Der Autor:
Colin Date stammt aus Toronto, Kanada. Er arbeitete dort in der Werbe- und Marketingbranche im Konsumgüterbereich. Nach seinem Umzug nach Oregon 1994 begann Colin mit der Veröffentlichung von Artikeln und Fotos in Automagazinen wie *Chevy High Performance*, *Mustang Monthly*, *Mopar Muscle* und *Muscle Car Review*. Heute lebt Colin mit seiner Familie in Südkalifornien.

Inhalt

Vorwort

Von Donald Farr

Am 11. Januar 1966 tauchte plötzlich ein brandneuer Mustang GT in der Auffahrt meiner Großeltern auf. Ich weiß das exakte Datum deshalb, weil ich als 13-Jähriger Tagebuch über alle wichtigen Ereignisse meines jungen Lebens führte – etwa den Erwerb eines neuen Beatles-Albums oder den Kinobesuch mit einer Freundin, um den neuen James-Bond-Film zu sehen.

Aber dieser 11. Januar war ein spezielles Datum. Wie sich herausstellte, hatte mein Großvater seinen viertürigen Falcon gegen einen Mustang eingetauscht, ein signalrotes Coupé mit weißem Vinyldach. Und es gab nichts cooleres, als im Alter von 13 Jahren in einem neuen Mustang durch die Stadt zu kurven.

Jeder in Amerika hat eine solche Mustang-Geschichte zu erzählen. Für einige war es das erste Auto, egal ob neu oder gebraucht. Andere denken an das tolle Auto des Nachbarn. Und viele erinnern sich an das Cruisen im Mustang eines Freundes.

Die Sache ist klar: Man erinnert sich an die erste Mustang-Generation, weil es coole Autos waren und es ebenso cool war, darin gesehen zu werden. Viel besser, als sich auf dem Rücksitz einer viertürigen Limousine verstecken zu müssen.

Auf jeden Fall lieferte der Mustang eine Initialzündung. Obwohl der 1964½er nur ein sportlich gestylter Falcon war, stellte er Verkaufsrekorde auf und erschuf eine eigene Fahrzeuggattung. Woher sonst soll der Begriff „Ponycar“ stammen? Ohne die Mustangs der ersten Generation gäbe es auch keine Camaros, Firebirds, Javelins, ’Cudas oder Challengers.

In etwas mehr als zwei Jahren, vom Tag der Einführung am 17. April 1964 bis zu den letzten 66er Modellen im August 1966, überschwemmten die Mustangs der ersten Generation Amerikas Straßen. Mehr als 400.000 Stück wurden davon 1965 verkauft, ein Rekord für ein volles Verkaufsjahr. Am Ende des Produktionsjahrs 1966 waren es schließlich über eine Million Fahrzeuge.

Diese Autos waren derart stilprägend, dass sie im Jahr 1999 als Symbolmotiv für die sechziger Jahre für eine Briefmarke der US-amerikanischen Post ausgewählt wurden. Auch fünf Jahrzehnte nach seiner Einführung gilt die Erfolgsformel „Lange Motorhaube, kurzes Heck“ noch immer.

Das Buch meines Freundes Colin Date, das Sie gerade in den Händen halten, wird bei vielen Menschen Erinnerungen wachrufen. Es kann als historische Referenz betrachtet werden oder als Restaurierungshilfe zur Wiederherstellung des Mustang-Originalzustands. Sie werden beim Lesen sicherlich auf den einen oder anderen Wagen stoßen, der Sie in Ihre eigene Mustang-Vergangenheit entführt, egal, ob es sich dabei um den eigenen Wagen oder um den eines Nachbarn handelt.

Oder, wenn Sie so viel Glück hatten wie ich, ist es der Mustang Ihres Großvaters.

Danksagung

Für dieses Buch wurden Informationen aus zahlreichen Quellen zusammengetragen. Den folgenden Leuten bin ich dafür zu Dank verpflichtet:

Shannon Murray, Mark Mosteller, Paul Segura, Steve Grant und Brett Stierli, die mir Antworten auf meine nicht endenden Fragen lieferten und mir ihre Mustangs für detaillierte Nachforschungen sowie Fotosessions überließen.

Tom Shaw, Herausgeber des Magazins *Musclecar Power*, für seine Fotobeiträge. Der 1965er Fastback in Tropical Turquoise und das beeindruckende 1966er Shelby GT350 Cabrio in diesem Buch sind Beispiele für Toms Arbeit.

Donald Farr, Herausgeber zahlreicher Mustang- und Ford-Publikationen, darunter *Mustang Monthly* und der *Mustang Times*, fürs Beisteuern des Vorworts.

David Osborn von Jim Osborn Reproductions, Inc, für die Unmenge an historischen Informationen aus ihren Handbüchern über 1964½er bis 1966er Mustangs.

Bob Mannel, Autor des Buches *Mustang & Ford Small Block V-8: 1962–1969*, für die unschätzbar wertvolle Auflistung der Änderungen an den Ford-Achtzylindermotoren der sechziger Jahre.

Jim Smart und Jim Haskell für die unglaubliche Menge an Prod*uktionsfakten und -zahlen in ihrem Bestseller Mustang Production Guide Volume 1, 1964–1966.*

Tony Gregory, Autor von *The 289 High Performance Mustang*, für all die kleinen Details, die die gewaltigen K-Code-Modelle von ihren V8-Brüdern unterscheiden.

Den Autoren und Herausgebern des *1965–1968 Mustang & Shelby Parts Identifier*, für die Zusammenstellung von Teile- und Markierungsnummern – eine Pflichtlektüre, wenn man es bis ins Detail richtig machen will.

Meinem Lektor, Peter Bodensteiner, der zwar erst beim bereits halbfertigen Buch einstieg, sich aber schnell einfand und mich bis zur schnell näherkommenden Deadline unterstützte.

Motorbooks International für die Chance meines Lebens, mein eigenes Buch zu schreiben und zu fotografieren.

Meiner wunderbaren Frau Dianne, meinem Sohn Steve und meiner Tochter Kim für ihre anhaltende Unterstützung und Geduld während der vielen Abende, die ich in meinem Zimmer voller Bücher und Reparaturanleitungen verbracht habe.

Scott Hamm für seine Hilfe bei der Recherche zu den Sechs- und Achtzylindermotoren.

All den Enthusiasten, die bereitwillig nicht nur ihre Fahrzeuge, sondern auch ihre Zeit zur Verfügung gestellt haben: Dennis und Karen Hart, Scott King, Bob Fria, Whit und Julie Anderson, Stephen Nemeth, Dick East, Larry King, Richard Kaneshiro, Tony Sousa und Darren Smith.

Und einen speziellen Dank an den lieben Gott, der mir jeden Schritt auf dem Weg gewiesen hat.

Einleitung

Ein 1966er Mustang Cabriolet in Candyapple Red

Jeder kann sich erinnern, wann er zum ersten Mal einen Mustang zu Gesicht bekam. Im Frühjahr 1964 war ich ein leicht zu beeindruckender Siebenjähriger, der in einem Vorort von Toronto lebte. Seit dem Alter von drei Jahren war ich Autofan, und als ich die Werbetafel mit Fords neuestem Modell sah, war ich hin und weg. Das riesige Plakat zeigte ein umwerfendes blaues Cabrio, das eine Schnellstraße hinabrauschte, scheinbar losgelöst von Raum und Zeit. An diesem Tag verblasste meine Begeisterung für Straßenkreuzer und Heckflossen und ich wurde zum Sportwagenfan.

Innerhalb von ein paar Wochen hatte ich meinen eigenen Mustang im Maßstab 1:25 fertiggestellt. In der Freizeit schnitt ich die Anzeigen der lokalen Fordhändler aus und klebte sie an die Kinderzimmerwand. Auch meine Freunde waren Autofans und so überlegten wir uns nicht nur, wie wir so schnell wie möglich zu einem Führerschein kämen, sondern auch, wie wir eine dieser Schönheiten finanzieren würden (die Gärten der Nachbarn sahen niemals gepflegter aus als damals).

Meinen Vater konnte ich nicht vom Kauf eines Mustangs überzeugen („zu teuer und zu unpraktisch"), also konnte ich Fords heißestes Modell nur aus der Ferne bewundern. Als die ersten Mustangs auf Torontos Straßen kamen, verdrehten die Leute die Köpfe und begannen, anerkennend zu pfeifen. Damals wusste ich es noch nicht, aber ich war Zeuge der Geburt der Ponycar-Legende geworden.

Alles begann mit dem massiven Verkaufsstart am 17. April 1964. Schon am ersten Tag brach der neue Mustang mit rund 22.000 verkauften Einheiten alle Rekorde, weitere 241.434 kamen bis zum Jahresende dazu. Nach dem ersten Verkaufsjahr waren bereits 418.812 Ponycars an den Mann oder die Frau gebracht. Die Verkaufszahlen dieses Modells waren herausragend und seine historische Bedeutung ist es ebenfalls.

Diese erste Mustang-Generation beherrschte das Segment Sport Compact und hatte nur wenig Konkurrenz. Fords Timing hatte sich als perfekt erwiesen. Chrysler schaffte mit seiner Valiant-Variante Barracuda 1964 nur 23.443 Fahrzeuge und GM war mit seinem nicht sehr beliebten und problemanfälligen Corvair bereits aus dem Rennen. Erst ab 1967 begannen GM und Chrysler mit dem Mustang aufzuschließen. Bis dahin war der Mustang das Maß aller Dinge. Die Coupés, Cabriolets, Fastbacks, GTs, K-Codes und Shelby-Modelle versetzten den Automarkt in Aufruhr. Mit dem Mustang gelang es Ford, sein Firmenimage nachhaltig zu verändern.

Auch wenn ich schon seit einigen Jahrzehnten Auto-Enthusiast bin, begann ich erst ab 1999 als Autor und Fotograf in der Autoszene zu arbeiten. Vorher konzentrierte sich mein Berufsleben auf Grafik-Design und Marketing zur Gestaltung und Verkaufsförderung von Konsumgütern. Als 1999 Tom Shaw, Herausgeber des *Muscle Car Magazine*, auf mich zukam, um mir Gelegenheit zum Schreiben und Fotografieren zu bieten, nahm ich mir einen 1970er Pontiac GTO Judge für einen Roadtrip im Nordosten der USA und schrieb eine Reisereportage für das Magazin.

Das war's, sie hatten mich an der Angel. Einige Zeit und viele Zeitschriftenartikel später sitze ich nun hier und schreibe ein Buch über eine meiner schönsten Kindheitserinnerungen, den Mustang 1964½–1966. In den vergangenen Jahren habe ich viele verschiedene Muscle Cars, von Big-Block-'Cudas und Cougars bis zu COPO-Camaros fotografiert und gefahren, aber erst als ich mit diesem Buch anfing, wurde mir klar, dass alles mit dem Mustang begonnen hatte.

Ich habe in meiner Karriere als freiberuflicher Auto-Journalist recht schnell bemerkt, wie schwierig es ist, ein Fahrzeug in der Originalausstattung zu finden. Das gilt für alle klassischen Muscle-Cars. Ein Auto im Originalzustand, egal welcher Marke, ob unberührter Survivor oder detailgetreu restauriert, findet man nur selten. Fast alle dieser Klassiker wurden im Laufe der Jahre modifiziert. Auch wenn Veränderungen positiv sein können, verwässern sie den Originalcharakter des Fahrzeugs und seinen historischen Wert. Mustangs der ersten Generation sind da natürlich keine Ausnahme. Offenbar kann man sie einfach nicht original belassen, was mich zum Sinn und Zweck dieses Buches führt.

Mustangs waren nie perfekte Autos, nicht als sie neu waren und auch später nicht. Sie stehen für eine aufregende, romantische Leidenschaft, wie sie nur wenige andere Autos zu entfachen vermögen. Wie Sie bereits weiter oben gelesen haben, waren die Verkaufszahlen des Ponys überwältigend. Was Sie aber noch nicht wissen, ist die Tatsache, dass nur etwa fünf Prozent dieser Fahrzeuge im Originalzustand, sprich unverändert, überlebt haben.

Das Original: Ford Mustang 1964½ bis 1966 soll dabei helfen, die Legende am Leben halten. Es dient der Beschreibung früher Mustangs. Als Hilfe zur Wiederherstellung des Mustang-Urzustandes finden Sie in diesem Buch entweder detailgetreu restaurierte Show-Cars oder unveränderte Originale.

Dieses Buch ist all jenen gewidmet, die sich dem Erhalt des ursprünglichen Mustang-Spirits verschrieben haben.

Kapitel 1

Die Grundlagen

In den frühen sechziger Jahren war Lee Iacocca Vize-Präsident und Geschäftsführer von Ford. Als Ingenieur, Marketing-Guru und „Car-Guy" hatte er sich schnell in die oberen Etagen des Konzerns hochgearbeitet. Bei Markteinführung des Chevrolet Monza und einiger 300-PS-Chryslermodelle erkannte er, dass schnell etwas geschehen musste. Fords einziges sportliches Modell war der relativ teure Thunderbird, der aber auf eine andere Kundengruppe zielte.

Mit den Chefingenieuren Bob Negstad und Hal Sperlich sowie weiteren engagierten Kollegen bildete Iacocca eine Ideenschmiede. Sie schufen ein Konzept nach dem anderen, inklusive des legendären Mustang I mit Mittelmotor im Oktober 1962. Im Jahr darauf sorgte dann das Mustang-II-Showcar für Schlagzeilen.

Nachdem alle Möglichkeiten und die Kosten analysiert waren, entschied man sich, auf Basis des ebenso preiswerten wie erfolgreichen Falcon weiterzuarbeiten. Die Ingenieure hatten diesem damals bereits schon ein paar Teile des größeren Fairlane zuteil werden lassen, inklusive des neuen Achtzylinders mit 221 Cubic Inch. So war langsam der Falcon Sprint entstanden.

Diese (für US-Verhältnisse) Kompaktlimousine mit V8 war bereits sehr attraktiv. Ford brauchte also

Links, rechts und unten: Die drei verschiedenen Modelljahre im Vergleich. Der 1964½er (rechts) und der 1965er Mustang (links) haben einen Kühlergrill mit Wabenmuster, lackiert in Gunmetal Gray, während das 1966er Modell einen Aluminiumgrill mit glänzenden Querrippen besitzt. Die offiziell im April 1965 eingeführte GT-Version lässt sich unter anderem an den im Grill integrierten Nebelscheinwerfern erkennen. Die Zierleiste an der Haubenkante wurde ebenfalls mit dem GT eingeführt und war ab 1966 Standard.

nur noch eine aufregende Karosserie zu gestalten und die Falcon-Plattform entsprechend anzupassen. Da die Produktionswerkzeuge vorhanden waren, war es relativ einfach und preiswert, die meisten technischen Merkmale zu übernehmen. Als die Konzernführung feststellte, dass man so einen Einstiegspreis von weniger als 2500 $ erreichen konnte, gab sie grünes Licht. Die erste Mustang-Generation ist also eigentlich ein Falcon mit veränderter Mustang-II-Karosserie.

Fords Marketingstrategie war simpel: Man wollte dem Kunden ein gut ausgestattetes Auto mit einer Vielzahl von Styling- und Komfortmerkmalen anbieten. Zusätzlich konnte der Kunde sein Fahrzeug nach Herzenslust und Geldbeutel individualisieren. Es gab Sechs- und Achtzylindermotoren von 101 bis 271 PS. Bei der Konkurrenz gab es häufig entweder nur sechs oder acht Zylinder. Der neue Mustang bot darüber hinaus allerhand serienmäßig, was bei anderen Modellen aufpreispflichtig war.

Produktion

Alle Mustangs der ersten Generation wurden von der Ford Motor Company in den USA hergestellt. Produktionsorte waren Dearborn (Michigan), Metuchen (New Jersey) sowie San Jose (Kalifornien). Alle Autos erhielten einen Code für den Auslieferungsort (DSO – District Sales Office).

Die Produktion begann am 9. März 1964 in Dearborn und endete am 12. August 1966 auch dort. Im Laufe der drei Modelljahre wurden 1.288.557 Mustangs gebaut und weltweit verkauft.

Die frühen Mustangs waren als Coupés, Fastbacks und Cabriolets erhältlich. Alle besitzen eine selbsttragende Karosserie mit Hilfsrahmen. Obwohl Hardtop und Cabrio sich natürlich unterscheiden, sind sie doch von der Struktur her weitgehend gleich. Nach Unterlagen der Ford Motor Company war das erste Serienfahrzeug ein Cabrio in Wimbledon White mit schwarzer Innenausstattung mit der VIN 5F08F100001.

Vom 9. März bis zum 19. Juni 1964 produzierte man in Dearborn Mustangs und Fairlanes parallel. In der ersten offiziellen Mustang-Produktionswoche wurden 867 Einheiten fertiggestellt. Am Ende der nächsten Woche hatte sich die Produktion mit 1955 Fahrzeugen bereits erheblich gesteigert. Nachdem die Öffentlichkeit sich schnell und heftig in den Mustang verliebt hatte, erhöhte Ford den Ausstoß auf 75 Autos pro Stunde, was ungefähr 1200 Stück pro Tag entspricht. Im Juli 1964 überstieg die Nachfrage bereits die Produktion. Kunden mussten bis zu vier Monate aufs Auto warten. Selbst der Wochen-

1964½er und 1965er Modelle (links oben) haben beide das gleiche Chrom-Ornament vor dem hinteren Radlauf, das Bremsenbelüftung wie bei einem Rennwagen simulieren soll. Bei GT-Modellen (1965, links unten, und 1966) sowie Fastbacks und Shelbys blieb die seitliche Vertiefung nackt. 1966 wurden der Verzierung drei Zähne hinzugefügt, um, laut Verkaufsliteratur, „Schnelligkeit und Bewegung im Mustang-Look zu betonen".

ausstoß von mehr als 7000 Einheiten reichte nicht aus, um den Bedarf zu decken.

Am 13. Juli 1964 wurde die Fairlane- und Falcon-Fertigung aus San Jose abgezogen und es wurde komplett auf Mustang-Produktion umgestellt. Am Ende des Jahres 1964 war das Kaufinteresse immer noch so schwindelerregend hoch, dass Ford auch mit der Mustang-Herstellung in Metuchen, New Jersey, begann. Am 1. Februar 1965, knapp ein Jahr nach dem Verkaufsstart, war nun eine dritte Produktionsstätte damit betraut, die Nachfrage zu befriedigen.

Modelljahre

Einige Quellen behaupten, es gebe keine 1964½er Fahrzeuge, lediglich frühe 1965er Modelle. Diese Aussage entbehrt nicht ganz der Wahrheit. Man wird keine Mustangs mit einer 1964 in VIN (Fahrzeug-Identifikationsnummer) oder Title (Fahrzeugbrief) finden. Alle früh produzierten Mustangs haben dort eine 1965 stehen, auch wenn sie zugleich mit anderen 1964er Fords gebaut wurden. Das neue Modelljahr begann eigentlich erst im August des Jahres. Der Mustang gilt daher aufgrund seiner Einführung im April als „Midyear Introduction". Aber Sie werden in diesem Buch sehen, wie sehr sich die drei einzelnen Modelljahre voneinander unterscheiden.

Karosserie und Chassis

Statt der traditionellen Karosserie-auf-Leiterrahmen-Bauweise pries Ford nun das „neue" Chassis bei Vertrieb und Interessenten gleichermaßen an. Eigentlich war es ja nur das leicht veränderte Konzept des Falcon. Als „stabil und verwindungssteif" beschrieb es die Verkaufsliteratur. Die Karosserie besteht aus vorderen und hinteren Längsträgern, die mit den Seitenschwellern verbunden sind. Zusammen mit den fünf Querträgern, die mit dem unteren Teil der Karosserie verbunden waren, bilden sie eine Art Leiterrahmen.

Die Bodengruppe ist mit vorderen und hinteren Längsträgern verschweißt. Auch der durchgehende Getriebe- bzw. Kardantunnel trägt zur Stabilität und Verwindungssteifheit bei. Ebenso wie die Stehbleche des Motorraums, die sowohl mit den Längsträgern als auch mit der Spritzwand verschweißt sind.

Die Karosserie des Mustangs war so stabil wie möglich konstruiert worden, ohne sie unnötig schwer zu machen. Die genannten Konstruktionsmerkmale ermöglichten das elegante und schnittige Karosseriedesign. Ford-O-Ton: „Alle Rahmen um Karosserieöffnungen herum oder Dachversteifungen besitzen entweder Kasten-, U- oder Omegaprofil". Um die Stabilität weiter zu erhöhen, wurden alle Einzelbleche so groß wie möglich konzipiert,

FORD
MUSTANG
BRAKE

FORD
MUSTANG
BRAKE

Ein Hauptunterscheidungsmerkmal der Baujahre ist der Instrumententräger. 1964½ (links oben) und 1965 haben eine horizontale Tachoeinheit mit seitlichen Anzeigen für Tank und Wassertemperatur. 1965 bekamen Mustangs mit GT-Ausstattung oder Interior Decor Group fünf runde Anzeigen mit dem Tachometer in der Mitte, Tank- und Öldruckanzeige links sowie Amperemeter und Wassertemperaturanzeige rechts. Ab 1966 hatten dann alle Mustangs ein fünfteiliges Rundinstrumentenset (oben).

was die Zahl der Schweißpunkte klein hielt. Da das Fahrzeug von vornherein auch als Cabriolet geplant war, wurde auf größtmögliche Verwindungssteifigkeit geachtet. Das feste Dach verbesserte diese noch zusätzlich.

Korrosionsschutz

Ford bewarb auch den Rostschutz seiner neuen Modelle überschwänglich. In frühen Broschüren heißt es: „Weitreichende Maßnahmen wurden im Design und der Fertigung des Mustang getroffen, um eine haltbarere Karosserie mit maximalem Schutz gegen Streusalz und Feuchtigkeit anbieten zu können. Alle Karosserieinnenräume sind belüftet, um die Ansammlung von Feuchtigkeit zu verhindern. Zusätzlich wird zinkhaltige Grundierung auf die unteren Partien diverser Karosseriebleche, Türen, Säulen und auf den Spritzbereich der Radhäuser aufgetragen. Wo höchster Korrosionsschutz nötig ist, bestehen einige Teile der Karosserie aus verzinktem Stahlblech. Insgesamt handelt es sich um 26 Karosseriebleche wie vordere und hintere Längsträger, Seitenschweller sowie die Abschlussbleche unter den Stoßstangen. Weiterer Korrosionsschutz wird durch aufgespritzte asphalthaltige Geräuschdämmung in verschiedenen Karosseriebereichen wie Türen, hinteren Kotflügeln und Radhäusern erzielt".

Produktion 1964½, 1965 und 1966

1964½er Modelle

9. März 1964: Produktionsstart in Dearborn, Michigan
13. Juli 1964: Produktionsstart in San Jose, Kalifornien
31. Juli 1964: Letztes dokumentiertes Produktionsdatum für 1964½er Modelle in Dearborn und San Jose
Produktion insgesamt: 121.538 Einheiten
Modellsplit: 92.705 Coupés, 28.833 Cabriolets

1965er Modelle

1. August 1964: Produktionsstart in Dearborn und San Jose
1. Februar 1965: Produktionsstart in Metuchen, New Jersey
31. Juli 1965: Letztes dokumentiertes Produktionsdatum für 1965er Modelle in Dearborn
13. August 1965: Letztes dokumentiertes Produktionsdatum für 1965er Modelle in Metuchen
20. August 1965: Letztes dokumentiertes Produktionsdatum für 1965er Modelle in San Jose
Produktion insgesamt: 559.451 Einheiten
Modellsplit: 409.260 Coupés, 77.079 Fastbacks, 73.112 Cabriolets

1966er Modelle

16. August 1965: Produktionsstart in Dearborn und San Jose
25. Februar 1965: Produktionsstart in Metuchen
27. Juli 1966: Letztes dokumentiertes Produktionsdatum für 1966er Modelle in Metuchen
29. Juli 1966: Letztes dokumentiertes Produktionsdatum für 1966er Modelle in San Jose
12. August 1966: Letztes dokumentiertes Produktionsdatum für 1966er Modelle in Dearborn
Produktion insgesamt: 607.568 Einheiten
Modellsplit: 499,751 Coupés, 35.698 Fastbacks, 72.119 Cabriolets

Links: Der 170-Cubic-Inch-Reihensechszylinder ist die Einstiegsmotorisierung für die 1964½er Modelle. Er ist leicht am schwarzen Motorblock und dem roten Luftfiltergehäuse und Ventildeckel zu erkennen.

Unten: Der für das 1964½er Modell optional erhältliche 260-Cubic-Inch-V8 mit schwarzem Motorblock, blauem Luftfiltergehäuse und blauen Ventildeckeln. 289er Motoren haben schwarze Motorblöcke sowie goldfarbene Luftfiltergehäuse und Ventildeckel. Die 289er K-Code-Variante wiederum besitzt einen Chromluftfilter und verchromte Ventildeckel.

Im Modelljahr behält der neue 200-Cubic-Inch Sechszylinder das Farbschema seines 170er-Vorgängers bei. Rechts: Die Achtzylinder (289 cui) haben nun alle schwarze Blöcke mit goldfarbenen Luftfiltergehäusen und Ventildeckeln, die K-Code-Varianten wiederum Luftfilter und Ventildeckel in Chrom.

Unten: Ab dem 1966er Modelljahr erhalten alle Motoren einheitliche Farbgebung: Sowohl Sechs- als auch Achtzylinderblöcke sowie Luftfiltergehäuse und Ventildeckel sind im dunkleren „Ford Corporate Blue“ lackiert. Lediglich die K-Codes machen mit ihren Chromluftfiltern und -ventildeckeln eine Ausnahme.

Karosseriedämmung

Ford warb damit, den neuen Mustangkäufern das geschmeidigste, leiseste und komfortabelste Fahrerlebnis zu bieten. Die Verkaufsbroschüren warben: „Damit Fahrer und Beifahrer ihr neues Fahrzeug genießen können und um den Fahrer vor Ermüdung zu schützen, ist die Fahrgastzelle des neuen Mustang mit einer Reihe von isolierenden und schalldämmenden Materialien versehen, die die Insassen vor Straßen- und Motorlärm sowie vor extremen Witterungsbedingungen schützen.

- Motorhaube: Mastixkleber zwischen oberem und unterem Blech
- Vorderer Kotflügel: aufgespritzter Dröhnschutz an Radhäusern und Stehblechen
- Armaturenbrett: 1 Zoll starke, asphaltimprägnierte Dämmmatte an der Spritzwand
- Windlauf: viertelzollstarke Fiberglasmatten an den Seiten
- Fußraum vorne: schwere, ungehärtete Gummimatte als Geräuschdämmung plus dicke, mit dem Teppich verklebte Juteschicht von der Fußabstützung bis unter die Vordersitze
- Fußraum hinten: asphaltimprägnierte Dämmmatten und mit dem Teppich verklebte Juteschicht
- Türen und hintere Seitenteile: Geräuschdämmung an den Innenseiten der äußeren Bleche
- Rücksitzbank: asphaltimprägnierte Filzmatte
- Hutablage: viertelzollstarke Dämmmatte über die gesamte Breite
- Dachhimmel: halbzollstarke Fiberglasmatte über die gesamte Länge
- Kofferraumhaube: Mastixkleber zwischen oberem und unterem Blech
- Hintere Radhäuser: Spritzbereiche mit Dröhnschutz versehen, Zellstoffkissen zwischen Radhäusern und hinteren Seitenteilen für zusätzliche Geräuschdämmung.

Auch die Maßnahmen zur Abdichtung der Karosserie waren umfangreich:
Fugen-Dichtmasse: Spezielles Kunststoff-Dichtmaterial wurde auf die offenen punktgeschweißten

V8 aller Modelljahre besitzen Kotflügelembleme mit Hubraumangabe. Sechszylinderfahrzeuge haben keine Embleme.
Unten rechts: Der Tankverschluss eines 1964½er Modells lässt sich leicht abschrauben – und klauen.

Oben links und rechts: Die Tankdeckel der Modelljahre 1965 und '66 sind mit einem Stahlseil gesichert.

Blechverbindungen und Karosseriefugen aufgetragen. Die Regenrinnen und die Heckklappe wurden mit einer durchgehenden Versiegelung aus Vinyl versehen. Alle anderen Schweißnähte erhielten eine heiß aushärtende Dichtmasse.

Spezielle Anti-Quietsch-Maßnahmen und Abdichtungen umfassten Matten, Tüllen, Dichtungen und Stopfen, die vor unerwünschter Reibung und Feuchtigkeit sowie vor Staub und Zugluft schützen.

Die Windschutzscheibe und die Heckscheibe wurden mit einer dauerelastischen Kunststoffmasse versiegelt. Plastikdichtfolien zwischen Karosserieblech und Innenverkleidungen sollten unter anderem die Beschädigung der Türeinsätze durch eindringende Feuchtigkeit verhindern.

Fertigung

Mitte der sechziger Jahre zählten Mustangs zu den sichersten und bestverarbeiteten Automobilen der Welt. Die Fertigung war ausgefeilt und simpel zugleich. Aufgrund der hohen Produktionsraten hatte Ford verstärkt ein Auge auf die Fertigungsqualität. Die neuen Lackierstraßen im Werk Dearborn halfen dabei, der enormen Nachfrage Herr zu werden und neue Fließbänder sowie moderne automatische Schweißanlagen erleichterten den Zusammenbau der Karosserien.

Der Vorderwagen wurde in einer riesigen Montagevorrichtung zusammengesetzt, die Teil des sogenannten Karussells war. In diesem wurden verschiedene Baugruppen und Komponenten gebaut und von Arbeitern oder Robotern zusammengeschweißt. Der Rest des Mustang wurde im „Metal Shop" zusammengefügt, wo Vorderwagen, Fahrgastzelle, Spritzwand, Seitenteile und Strukturelemente hergestellt, zusammengefügt, verschweißt und für die Lackierung vorbereitet wurden. Nach der Lackierung war der „Trim" an der Reihe, wo alle elektrischen Komponenten, Innenausstattungen, Scheiben und weitere Teile eingebaut wurden. Danach erhielten die Fahrzeuge Vorderachsen und Antriebsstränge. In der letzten Station wurden die Mustangs dann auf die Hinterachsen hinabgelassen.

Unten: Tankverschlüsse der GT-Ausstattung besitzen ein eigenständiges Design.

Äußere Unterscheidungsmerkmale der GTs sind unter anderem die speziellen Seitenstreifen und das GT-Emblem

Codes

Das allerwichtigste Identifikationsmerkmal bei frühen Mustangs ist die auf der Innenseite des Kotflügels eingestanzte VIN (Fahrzeugidentifikationsnummer). Alle Mustangs der Baujahre 1964½ bis 1966 hatten zusätzlich das Typenschild an der Fahrertür. Dieses Schild diente dazu, alle fahrzeugspezifischen Merkmale wie Auslieferungsort, Lackfarbe, Innenausstattung und weitere Merkmale direkt vor Augen zu haben. Weil es aber leicht zu entfernen ist und so die Identität des Fahrzeugs verfälscht würde, beziehen sich die echten Fans immer auf die Einstanzung auf dem Kotflügel, wenn es um die Authentizität eines Mustangs geht. Die offizielle VIN findet sich fahrerseitig im Motorraum oben auf der Innenseite des Kotflügels. Die VIN wurde auch noch einmal oben in den rechten inneren Kotflügel eingestanzt, ist dort aber vom Außenkotflügel verdeckt. Diese Kennung galt als geheimes Identifikationsmerkmal für Behörden.

Verchromte Auspuff-„Trompeten" sind beim GT durch das untere Heckblech hindurchgeführt. Diese Modelle haben außerdem keine Stoßstangenhörner.

Die Einstanzungen auf der Kotflügelinnenseite bedeuten:

5	= 1965, das Modelljahr
R	= San Jose, das Fertigungswerk
09	= Fastback-Karosserie
K	= Motorcode für 289 „hi-po"
213497	= fortlaufende Produktionsnummer

Alle Mustangs erhalten nach der Endkontrolle der Lackierung einen „PAINT OK“-Stempel. Diese Markierungen werden je nach Produktionsort an unterschiedlichen Stellen aufgebracht und auch dort nicht immer einheitlich. Bei diesem 1965er Modell befindet sich das OK oben an der Spritzwand.

Während der Montage hinterlassen die Bandarbeiter verschiedene Markierungen mit Fett, Kreide oder Farbe. Hier sind rote Markierungen auf den Federn zu sehen, die das Fahrzeug als GT nebst zugehörigem Fahrwerk ausweisen. Verschiedene Motorisierungen (Sechs- oder Achtzylinder) ergeben unterschiedliche Markierungen. Die Kreidezeichen am Längsträger stehen für bestimmte Optionen. Das gelbe „X“ wiederum belegt eine erfolgreiche Sicherheitsinspektion: Alle Schrauben und Muttern sind kontrolliert und festgezogen.

Wie die meisten Mustangs aus kalifornischer Produktion hat dieser das Werk in San Jose ohne Unterbodenschutz verlassen. Fahrzeuge aus Dearborn und Metuchen dagegen bekommen einen Schutz vor widrigen Wetterbedingungen und Streusalz verpasst. Beachten Sie die farbigen Markierungsringe am hinteren Teil der Kardanwelle. Sie informiert die Bandarbeiter über die richtige Kombination dieses Teils mit dem Antrieb, in diesem Fall einem K-Code GT.

So entziffern Sie die VIN bei Mustangs der ersten Generation:

- **Die erste Stelle steht für das Modelljahr:**
  5=1965, 6=1966
  Die 1964er Modelle wurden mit einer 5 versehen und zugelassen.

- **Die zweite Stelle nennt den Fertigungsstandort:**
  F=Dearborn, Michigan
  R=San Jose, Kalifornien
  T=Metuchen, New Jersey

- **Die dritte und vierte Stelle benennen den Karosserietyp:**
  07=Hardtop-Coupé
  08=Cabriolet
  09=Fastback

- **Die fünfte Stelle steht für die Motorvariante:**
  U=170-1V-Sechszylinderreihenmotor niedrige Verdichtung/Normalbenzin/hydraulische Ventilstößel (nur 1964)
  F=260-2V-Achtzylinder niedrige Verdichtung/Normalbenzin/hydraulische Ventilstößel (nur 1964)
  D=260-4V-Achtzylinder niedrige Verdichtung/Normalbenzin/hydraulische Ventilstößel (nur 1964)
  K= 289-4V-Achtzylinder hohe Verdichtung/Superbenzin/mechanische Ventilstößel (alle Jahre)
  A= 289-4V-Achtzylinder hohe Verdichtung/Superbenzin/hydraulische Ventilstößel (1965 und 1966)
  C=289-2V-Achtzylinder niedrige Verdichtung/Normalbenzin/hydraulische Ventilstößel (1965 und 1966)
  T=200-1V-Sechszylinderreihenmotor niedrige Verdichtung/Normalbenzin/hydraulische Ventilstößel (1965 und 1966)

Das Typenschild (rechts) ist auf die Hinterkante der Fahrertür genietet. Unter den Codes für Ausstattung und Auslieferungsort findet sich die VIN.
1966 schrumpft das Schild etwas, aber es enthält immer noch alle wichtigen Informationen.

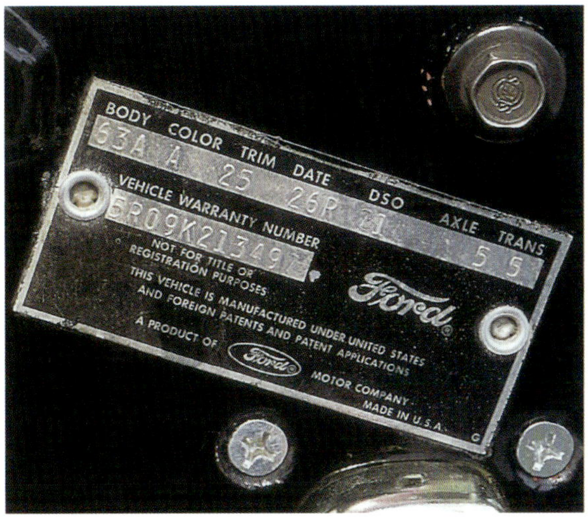

Unten: Hier sieht man die aufgedruckte VIN auf einem 1965er K-Code-Motor. Sie findet sich unten am Block in der Nähe der Ölwanne. Diese Ehre wurde aufgrund ihrer Seltenheit und der Beliebtheit bei Dieben nur den K-Codes zuteil.

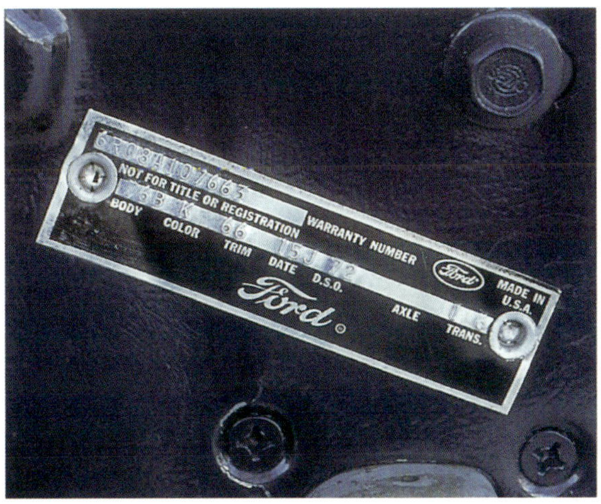

Die Zahlenfolge hinter der Motorkennzeichnung spiegelt die fortlaufende Produktionsnummer wider. Die Nummern wurden bei der Fahrzeugbestellung vergeben und später in den Produktionsplan eingefügt.

Auf dem Typenschild finden sich noch weitere fahrzeugspezifische Angaben wie Codes für Karosserievariante, Lack, Innenausstattung, Produktionsdatum, Auslieferungsdistrikt sowie Achse und Getriebe. Die unterschiedlichen Details der einzelnen Baujahre werden in den jeweiligen Kapiteln behandelt.

„Matching numbers"

Der häufig benutzte Begriff „matching number" bedeutet, das im Idealfall alle wichtigen Fahrzeugkomponenten (Motor, Getriebe, Rahmen, Kennmarken etc.) dieselbe VIN oder Seriennummer haben, die zum Rest des Autos passt. Leider finden sich bei den Mustangs der ersten Generation solche Übereinstimmungen selten. Eigentlich sollte die VIN auf der Kotflügelinnenseite und dem Typenschild auch auf dem Motorblock zu finden sein. Das gibt es aber nur bei K-Code-Modellen, die die VIN auf Motor und Getriebegehäuse, nahe der Antriebswelle, eingestanzt tragen. Für den Rest der Mustangfamilie gilt dieser Begriff „matching numbers" also leider nicht.

Als die Fahrzeuge Mitte der sechziger Jahre in immens hohen Stückzahlen vom Band liefen, wurden Teile oft im „Panikmodus" hergestellt. Das führte häufig zu Überproduktionen und hohen Lagerbeständen. Das könnte die Tatsache erklären, dass ich mal einen komplett originalen 1966er mit einer „1965"-Kennung auf einem der Zylinderköpfe sah. Es gab aber auch Fälle, wo zum Modelljahreswechsel verschiedene Teile mit einer Codierung aus dem Folgejahr verbaut wurden. Das konnte zu 1965er Modellen mit 66er Kennung auf den Türscharnieren führen.

Doch bleibt tapfer, liebe Restaurierer, es ist nicht so schlimm wie es scheint. Generell sollten die Datumsangaben auf Bauteilen der ersten Mustang-Generation innerhalb von zwei bis drei Monaten um das Produktionsdatum auf dem Typenschild liegen. Auch wenn Mustangs (außer den vielgepriesenen K-Codes) keine mit der VIN korrespondierende Motornummer haben, sind zumindest die Produktionsdaten in die Motoren eingegossen. Ford begann in den vierziger Jahren mit einer alphanumerischen Jahreskodierung. Ab den Sechzigern stand also ein „C" für das Jahrzehnt. „C5" stand demnach für 1965 und C6 für 1966.

Ab Januar 1964 sind alle Ford-Motoren mit Identifikations-Blechmarken versehen. Bei diesem 1965er Mustang findet sie sich auf der rechten Seite der Ansaugbrücke. Sie gibt Auskunft über Hubraum, Modelljahr, Version, Jahr und Monat der Herstellung sowie Motortyp. Mit Beginn des 1966er Modelljahres kam noch ein Code für den Fertigungsort hinzu.

In diesem Bild sieht man rechts von der Lichtmaschine einen weißen Aufkleber auf dem Motorblock. Der Code 554J passt zu dem auf der Blechmarke des Motors. Die 554 steht für einen 65er K-Code (auch: 289 hi-po), das J ist eine zusätzliche Motorcodenummer von Ford.

Aufschlüsselung der Produktionsdaten

Jahrzehnt der Produktion
A=1940er
B=1950er
C=1960er
D=1970er

Jahr im Jahrzehnt
Die Jahrzehnt-Buchstaben sind um die Ziffern 0-9 ergänzt.
Beispiel: C6=1966

Modelllinie
A=Galaxie
D=Falcon
F=außerhalb der USA
G=Comet/Montego
J=Industrie
M=Mercury
O=Fairlane/Torino
P=Autolite/Motorcraft
R=Rotunda
S=Thunderbird
T=Truck
V=Lincoln
Z=Mustang

Entwicklungsabteilungen
A=Chassis
B=Karosserie
E=Motor
F=Anbauteile Motor
P=Automatikgetriebe
R=Schaltgetriebe
W=Achsen
X=Muscle Parts Program
Y=Lincoln/Mercury Serviceteile
Z=Ford Serviceteile

Jede Mustang-Hinterachse besitzt ab Werk eine Produktionsmarke, die über Achstyp, Übersetzung, Herstellungsdatum und -ort Auskunft gibt. In diesem Fall bedeutet die Einstanzung WCZ-F 3.00 4DC 901: WCZ-F = 8-Zoll-Hinterachse; 3.00 = Übersetzungsverhältnis 3,0:1; 4 = 1964; D = April; C = dritte Woche (also ein frühes Modell); 901 = Werkscode für Dearborn, Michigan.

Manchmal tauchen Fords Identifikationsnummern auf, wo man sie am wenigsten erwartet. Oft ist etwas Detektivarbeit nötig, um sie zu entziffern. Diese Stanzung findet sich auf einer Lasche unter der vorderen Stoßstange. 4 7 = 7. April. M5 ist ein interner Ford-Produktionscode.

Informationen finden sich auf jedem Bauteil. Dieses Bild zeigt Kennungen auf der Oberseite eines Kühlers. C4 = 1964, das Jahr der Einführung dieses Bauteils; ZE sagt aus, das dieser Kühler in die Mustang-Produktion gehört, das Z steht in Fords Codesystem für Mustang; M2 bedeutet Automatikgetriebe (Y2 stände für Schaltgetriebe); W-MO oder Herstellercode bedeutet, dass dieses spezielle Teil aus Whittier, Kalifornien von der Modine Manufacturing Company stammt; und 3 65 steht für den Produktionsmonat März 1965.

Alle Mustang-Ansaugbrücken haben eine gegossene Identifikationsnummer. Diese hier liest sich folgendermaßen:
C5 = 1965
O = Fairlane
E = Engine Department
9425 = Teilenummer
C = Designänderung

Eine der beiden Kennungen findet man auf jedem Motorblock und jedem Getriebe, gefolgt von weiteren Teilenummern. Bei ganz frühen Fahrzeugen finden sich sogar C4-Kennungen.

Zusätzlich zu den Gussnummern erhielten alle Mustangs Plaketten und Aufkleber, die miteinander korrespondierten. Ein Beispiel waren die Motorkennmarke und der Aufkleber auf dem Motorblock.

Produktionsmarken halfen ebenfalls, Bauteile oder -gruppen an Mustangs der ersten Generation zu identifizieren. Auf dem Foto auf Seite 24 sieht man, wie die Produktionsmarke der Hinterachse mit einer der Schrauben des Differenzialgehäuses befestigt ist. Wir listen in diesem Buch sämtliche Hinterachs-Produktionscodes für die Modelljahre in den jeweiligen Kapiteln auf.

Fords Teilenummerierungs-System war für die damalige Zeit ziemlich ausgefeilt. Wirklich jede am Auto befestigte Komponente besaß eine Nummer, die über Baujahr und Teil Auskunft gab. Meist lassen sich gar Produktionsmonat und -tag ablesen. Auch Teile und Zubehör von Zulieferern wurden mit Codes versehen, die allerlei Informationen für Fords internes System lieferten. Jede der drei über die USA verteilten Fertigungsstätten war eng mit lokalen Zulieferern verbunden.

Auf vielen Teilen steht „FoMoCo“ oder „Autolite“. Name und Logo FoMoCo wurden von lizensierten Zulieferern benutzt. Das Autolite-Logo tragen viele Motoranbauteile wie Vergaser, Lichtmaschinen und Anlasser sowie elektronische Komponenten. Autolite dagegen war Tochterunternehmen von Ford. Rotunda wiederum, ein ebenfalls oft genannter Name in diesem Zusammenhang, war ein Erstausrüster, vornehmlich für Zubehörteile.

Dieser Zündverteiler ist zur besseren Lesbarkeit ausgebaut. Ein weiteres Beispiel für die Teileidentifikation: C5 = 1965; O = Fairlane (was die Austauschbarkeit der Teile zeigt), F = Motoranbauteil; 12127 = Teilenummer; B = Verwendung. FoMoCo verwendet auch ein spezielles System zur Kodierung des Herstellungsdatums: 5BA: 5 = 1965; B = Februar (2. Monat des Jahres); A = erste Woche des Monats.

Unten: Sogar das Lenkgetriebe hat eine eigene Kennmarke. Die Buchstaben HCC stehen für den Lenkgetriebetyp selber, während AX die Verwendung anzeigt, in diesem Fall nur GT-Modelle.
AX = Lenkung ohne Servounterstützung mit Übersetzungsverhältnis 19:1;
AW = Servolenkung mit Übersetzungsverhältnis 16:1;
5D06B = Servicecode-Identifikationsnummer.

Obwohl wir in den folgenden Kapiteln viele Codes und Markierungen entziffern, können wir natürlich nicht jede Teile- und Verwendungsnummer auflisten. Heutzutage entschlüsseln viele ausgezeichnete Werkstatthandbücher und Ratgeber wirklich jedes Einzelteil und Zubehör, das an den frühen Mustangs verbaut wurde. Eine gute Hilfe sind folgende englischsprachige Bücher: *Mustang & Ford Small Block V-8 1962–1969* von Bob Mannel im Verlag RPM Press sowie zur Bestimmung weiterer Teile der *1965–1968 Mustang & Shelby Parts Identifier* von Warner Robert Products.

Auch wenn wir uns bemühen, hier möglichst umfassend und genau alle Teile und Optionen aufzulisten, sollte dieses Buch nicht als einzige Quelle zur Teileidentifizierung dienen.

Kapitel 2

Die Details

Ein 1966er Mustang GT in Emberglo (Farbcode V)

Gab es wirklich nur kleine Unterschiede?

Häufig hört man: „Diese Mustangs sind doch alle gleich.“ Es stimmt, sie sind sich in vielen Bereichen sehr ähnlich. Von der generellen Karosserieform bis zur Front- und Heckpartie sind die einzelnen Baujahre nur schwer auseinanderzuhalten. Auch werden viele Leute – sogar hartgesottene Mustang-Fans – behaupten, dass es so etwas wie ein 1964½er Modell nicht gebe. Und wenn, sei es identisch mit dem 1965er Modell. Wir widmen dieses Kapitel dem direkten Vergleich der ersten drei Jahre der Mustang-Produktion.

Außendesign

Neben den Hauptunterschieden, die bereits im ersten Kapitel beschrieben wurden, gab es mit Beginn des 1965er Modelljahres viele kleinere Änderungen. Einige davon sollten die Sicherheit und das Aussehen verbessern, andere die Produktion vereinfachen.

Alle Karosseriebleche sind zwischen den drei Modelljahren austauschbar. Außerdem muss noch erwähnt werden, dass die Fastback-Variante erst mit dem 1965er Modelljahr verfügbar war.

Das traditionelle dreifarbige Kotflügelemblem gibt es von Anfang an. Ursprünglich war der Mustang-Schriftzug 4 3/8 Zoll (111 mm) breit, wurde dann aber mit den 1965er Modellen auf 4 3/4 Zoll (121 mm) verbreitert.

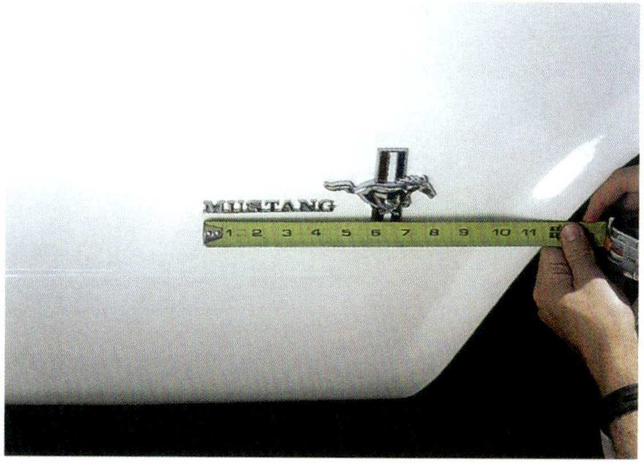

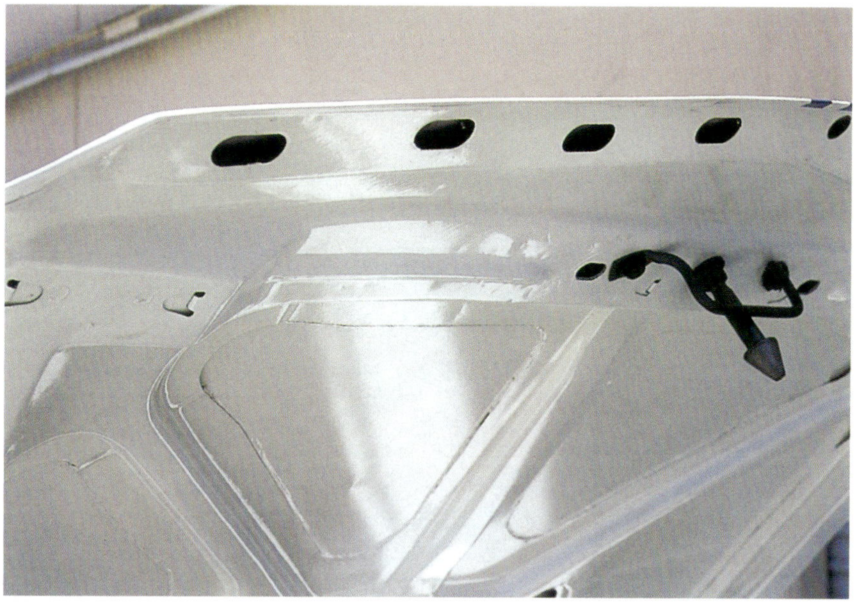

Unter der Motorhaube: Das weiße Auto oben ist ein 1964½er Modell, das rote rechts ein 1966er. Erkennen Sie, abgesehen von der Zierleiste an der Vorderkante, die Unterschiede?
Genaugenommen gibt es derer zwei: Hauptsächlich sind es die Verstärkungen im Blech des 1966ers (schauen Sie mal in die obere linke Ecke des rechten Bildes). Außerdem sind beim späteren Modell die Haubenkanten an den Ecken komplett versiegelt, bei den frühen Modellen sind sie noch offen. Diese Änderung gilt ab Modelljahr 1965.

Noch ein Kühlergrill-Vergleichsbild? Nein, schauen Sie sich beim weißen Mustang mal die abgeschrägte Blechkante direkt an der Kühleröffnung an. In den darauffolgenden Modelljahren ist diese Kante aus produktionstechnischen Gründen begradigt (siehe rechts).

Die verchromte Einfassung, an der die Scheibenwischerarme befestigt sind, sitzt beim 1964½er Modell direkt auf dem Blech des Windlaufs (siehe Bild ganz links). Ab 1965 steht sie etwas heraus, und das Windlaufblech ist entsprechend anders geformt.

Die Mustangs der Baujahre 1964½ und 1965 besitzen verchromte Scheibenwischerarme. Die sehen zwar prima aus, blenden aber auch leicht. Ab den 1966er Modellen sind sie dann aus Edelstahl gefertigt (Bild ganz rechts).

Die Kofferräume der 1964½er Modelle sind mit einer charakteristisch strukturierten Gummimatte mit Vliesunterseite ausgelegt (Bild ganz links). Die späteren Jahrgänge haben karierte Kunststoffmatten.

Innenraum

So dezent die Veränderungen auch waren – Mustangs der Modelljahre 1965 und 1966 unterschieden sich signifikant von ihren 1964½er Vorgängern. In den frühen Produktionsphasen des Jahres 1964 bedienten sich die Designer und Ingenieure im Falcon-Teileregal und passten die Komponenten und Verfahren für den Mustang an. Zu Beginn der 1965er Produktion wurden viele Innenraumdetails modifiziert und verfeinert, meist aus ästhetischen Gründen. Mit der Einführung von immer mehr Optionen wurden auch Dinge wie Türverkleidungen und Instrumentenblenden dem Publikumsgeschmack angepasst. Im März 1965 wurde zusammen mit der GT-Ausstattung auch die Interior Decor Group vorgestellt, die heute oft als „Pony-Ausstattung“ bezeichnet wird.

Sicherheitsgurte in 1964½er und frühen 1965er Fahrzeugen haben verchromte Verschlüsse, die aus dem Falcon-Teileregal stammen. Spätere 1965er und die 1966er Modelle haben dagegen der Gurtfarbe farblich angepasste Gurtschlösser in einem neuen Design.

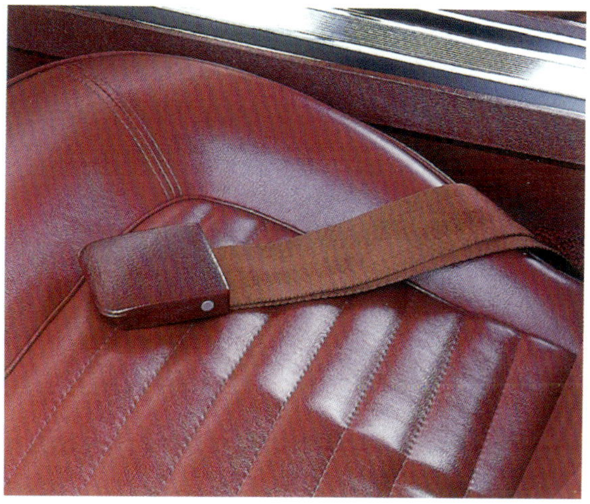

Weitere kleine Unterschiede an den Sicherheitsgurten betreffen deren Befestigung. Oben, beim 1964½er, ist der Gurt mit einer Augenschraube am Boden befestigt. Die Gurte der späteren Modelle (rechts) sind dagegen mit einer Sechskantschraube gesichert. Einen weiteren Unterschied entdecken Sie, wenn Sie ganz genau hinschauen: Bei den frühen Fahrzeugen endet der Teppich an den Schwellern, während er sie ab 1965 komplett bedeckt und mit den Einstiegsleisten gesichert ist.

Frühe Mustangs besitzen eine farbige, in den Teppich eingearbeitete Fußablage. Ab den 1965er Fahrzeugen ist diese seitlich zum Getriebetunnel hin hochgezogen.

Das Neueste auf der Mittelwelle: Der niedrigste Frequenzbereich lag beim 1964½er Modell (links) bei 600, ab 1965 dann bei 500.

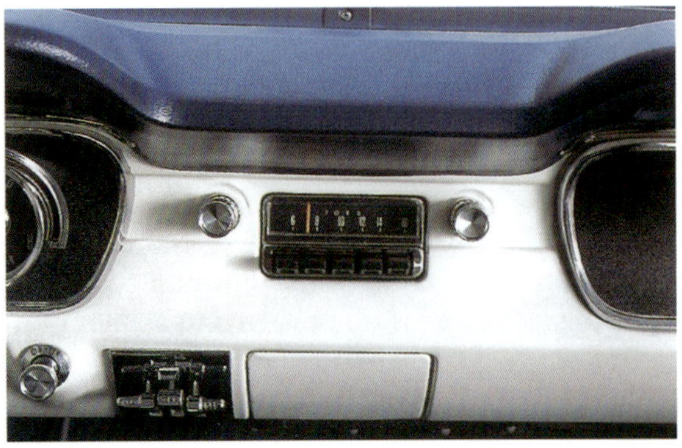

Türgriffe und Fensterkurbeln unterscheiden sich ebenfalls von Jahr zu Jahr. Bei den frühen Modellen (oben links) sind sie mit Federklammern befestigt. Mit dem folgenden Modelljahr ändert sich das Design und die Befestigung erfolgt mit Innensechskantschrauben (oben). Im März 1965 wird die Interior Decor Group eingeführt. Sie beinhaltet unter anderem die berühmten Türöffner in Pistolengriff-Form (links). Dieses Optionspaket gibt es auch im Modelljahr 1966.

Bei den 1964½er Modellen sind die Verriegelungsknöpfe aus farblich der Innenausstattung angepasstem Kunststoff. Ab 1965 ist das Design leicht überarbeitet, sie sind etwas kleiner und unabhängig von der Innenraumfarbe verchromt. Auch die Halter der Armlehnen unterscheiden sich. Bei den ersten Modellen sind die Kanten an den Innenseiten der verchromten Halter rechtwinklig (oben links). Man erkennt auf dem rechten Bild, dass diese Kanten bei den späteren Modellen abgeschrägt sind. Dies diente dem Look und der Vermeidung von blutigen Fingerknöcheln.

Unter der Motorhaube

Die Hauptunterschiede zwischen den Baujahren betrafen hauptsächlich die Farben und die Hubraumgrößen der Motoren, wie bereits im ersten Kapitel beschrieben. Zu Beginn wurden Falcon-Motoren (170-CI-Sechszylinder und 260-CI-Achtzylinder) sowie der 289er V8 angeboten. 1965er Modelle unterscheiden sich im Motorraum von den 1966ern durch die Farben von Motorblock, Ventildeckeln und Luftfiltergehäuse.

Viele kleinere Änderungen wurden aber auch im Laufe der Produktion vorgenommen.

1964½er Mustangs sind sowohl bei Sechs- als auch bei Achtzylindermotoren (Bild oben) mit Gleichstromlichtmaschinen ausgestattet, ab 1965 sind Drehstromlichtmaschinen verbaut.

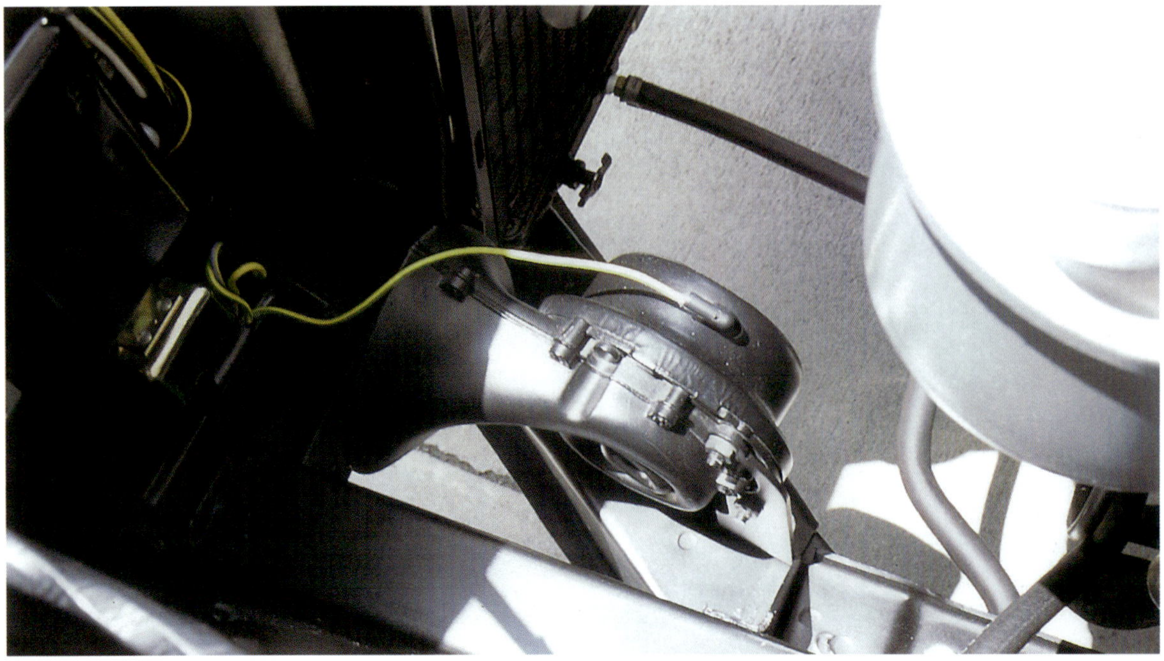

1964½er Modelle besitzen größere Hupen, die am Längsträger befestigt sind. In den späteren Baujahren sind sie etwas kleiner und am Kühlerhalteblech montiert. Beachten Sie auch die Unterschiede bei den einstellbaren Auflagegummis für die Motorhaube. Bei 1965er und ’66er Modellen kann man diese mit der Hand verstellen (unten), bei 1964½ern ist dafür ein Schraubendreher nötig (Bild gegenüberliegende Seite oben).

Auch wenn beide von FoMoCo stammen und sich im Design ähneln: Die Magnetschalter bei 1964½er Fahrzeugen (ganz links) sind in braunes Plastik gegossen, später sind sie schwarz.

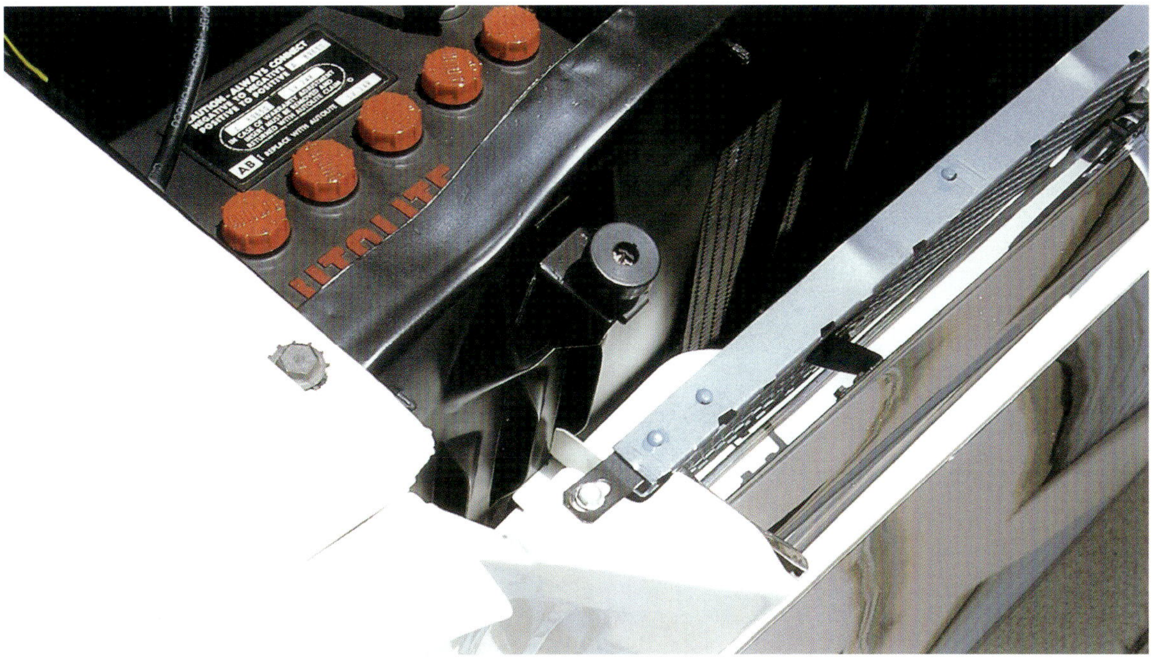

Die Motorhaubenscharniere der 1964½er Modelle sind mattschwarz lackiert, während sie in den Folgejahren aus korrosionsgeschütztem Stahl und unlackiert sind.

Zugleich mit dem Übergang von Gleichstrom- zu Drehstromlichtmaschinen ab Modelljahr 1965 ändern sich auch die Hauptbremszylinder. Der Bremslichtschalter zieht von der Vorderseite des Hauptbremszylinders (Bild ganz links) in den Innenraum ans Bremspedal um.

Kapitel 3

1964½

Die Markteinführung des Mustang war ein Ereignis epischen Ausmaßes. Vier Tage vor der öffentlichen Vorstellung machte Lee Iacocca den Gastgeber für 150 Reporter und Auto-Journalisten auf der 1964er Weltausstellung in New York. Nachdem er ihre Neugier mit einer Führung durch den Ford-Pavillon angeheizt hatte, bekamen sie nach einem Mittagessen die Schlüssel zu 75 brandneuen Mustangs ausgehändigt. Iacocca hatte den Plan ausgeheckt, dass sie alle eigenständig nach Dearborn zurückfahren sollten. So konnte er sich der Begeisterung der Presse sicher sein.

Drei Tage später, am 16. April 1964: Mitten in der Prime-Time des Fernsehabends wurden auf den drei großen Fernsehsendern gleichzeitig Werbespots ausgestrahlt. In einer Serie von Infomercials bekamen so 29 Millionen US-Amerikaner den Mustang das erste Mal zu Gesicht. Am nächsten Morgen erschienen landesweit 2600 Zeitungen mit Artikeln und ganzseitigen Werbeanzeigen. Am selben Tag brachten die Magazine *Time* und *Newsweek* Titelgeschichten über das neue Modell. Der Rummel lohnte sich: Begeisterte Interessenten rannten den Fordhändlern die Läden ein, die Mustang-Mania hatte begonnen.

Oben und gegenüberliegende Seite: ein 1964½er Mustang im Wimbledon White (Farbcode M). Abgesehen von den Speichenradkappen ist dieses Auto mit 170-CI-Sechszylinder und Dreigangschaltgetriebe ein reines Basismodell. Aber trotz der mageren Ausstattung ist der Mustang bereits ein Hingucker.

Das erste Hardtop-Coupé aus Dearborn wird an einen Händler in Whitehorse im kanadischen Yukon-Territorium geliefert.

In der gleichen Farbe wie dieses Coupé (Wimbledon White) war auch der allererste Mustang (ein Cabrio) lackiert, der heute im Henry-Ford-Museum in Michigan steht.

Werbetafeln waren überall, in Banken, Einkaufszentren, Hotels und Kongresszentren. Der neue Mustang war das Gesprächsthema schlechthin. Während Fernsehen und Radio die Leute weiter mit Werbung bombardierten, lieferte Ford drei Cabriolets als Pace-Cars für das jährliche Rennen in Indianapolis. Alle wichtigen Autozeitschriften wie *Road & Track*, *Car and Driver*, *Car Life*, *Motor Trend* und *Popular Hot Rodding* lieferten seitenlange Artikel und Fahrberichte über das neue Fahrzeug.

Gemäß der Ford-Marketingstrategie sollte jeder in Nordamerika den Mustang kennenlernen. Iacocca war davon überzeugt, dass es Liebe auf den ersten Blick sein würde – die für weniger als 2500 Dollar einfach unwiderstehlich sein müsste. Und die Kunden wurden immer weiter geködert: Farbige Hochglanzbroschüren wurden freigiebig verteilt, und die Fernsehwerbung verhieß die spontane Verwandlung des Mustang-Fahrers in eine aufregende und abenteuerlustige Persönlichkeit. In den Spots waren Männer und Frauen gleichermaßen zu sehen, da die Marktforscher verkündet hatten, das Automobil begeistere nun beiderlei Geschlecht.

Die Kombination aus dynamischem Marketing und dem unbestreitbar guten Aussehen des Mustang brachte überwältigenden Erfolg – beinahe schon zuviel. Auch wenn man in Dearborn sechs Wochen vor Verkaufsstart 530 Mustangs pro Tag herstellte, wurde man der Nachfrage kaum Herr. Bei Geschäftsschluss am 17. April, dem ersten Verkaufstag also, hing die Produktion bereits um 6000 Einheiten hinterher. Was tun?

Kalifornien lag als Trendsetter mit rund 22 Prozent aller Mustangverkäufe weit vorne. Ford nutzte den Vorteil, dass in der Fertigungsstätte San Jose

Dieses Coupé in Caspian Blue (Farbcode H) und mit Innenausstattung Code 82 (blau mit blau) ist die offizielle Produktionsnummer 2. Es verbringt einen Großteil seines Lebens auf den Straßen des Yukon-Gebietes im nördlichen Kanada.
(Fortsetzung nächste Seite)

bereits die Werkzeuge aus Falcon- und Fairlane-Produktion vorhanden waren. Am 19. Juni 1964 wurde das Werk geschlossen und die Fairlane-Produktion nach Kansas City sowie die Falcon-Herstellung nach Lorain in Ohio verlegt. Am 13. Juli wurde das Werk in San Jose wiedereröffnet und die Mustangfließbänder begannen, rund um die Uhr zu laufen. Damit sprang man der Produktion in Dearborn zur Seite und half, den Kundenansturm zu bewältigen.

Zwei Wochen später, am 31. Juli, rollten die letzten 1964½er Modelle in Dearborn und San Jose vom Band. Der 1. August markiert den Beginn des 1965er Modelljahres. Bis dahin waren bereits 121.538 Mustangs fertig worden. Obwohl die ersten Mustangs offiziell als 1965er Modelle gekennzeichnet und zugelassen worden waren, wurden sie eigentlich als 1964½er eingeführt. Für die vergleichsweise geringe Summe von 2368 Dollar bekam der Käufer eine Menge Auto für sein Geld.

Auch wenn bereits die Grundausstattungsliste für ihre Zeit recht eindrucksvoll war, bestellten nur wenige das Basismodell. Der Mustang wurde mit dem Slogan beworben: „Das Auto, das gestaltet wurde, um von Ihnen gestaltet zu werden.“ Und so war es tatsächlich. Die Käufer konnten nach Herzenslust Optionen auswählen, und die meisten taten es auch. Mehr als die Hälfte aller Mustangs wurde mit Automatikgetrieben ausgeliefert, 85 Prozent

(Fortsetzung von Seite 39)
In den folgenden Jahrzehnten geht der Mustang durch die Hände von 14 verschiedenen Besitzern, bis er schließlich in New Mexico landet. Dort kauft ihn sein jetziger Besitzer und bringt ihn nach Südkalifornien. Mit erheblichem Zeit- und Geldaufwand wird er dort wieder in den Auslieferungszustand versetzt.

Serienmäßige Ausstattung

- Einzelsitze vorn
- Sportlenkrad
- Mittelschalthebel
- ausgeformte Teppiche
- gepolstertes Armaturenbrett
- hochglänzende Befestigungsteile
- hängend angeordnetes Gaspedal
- einfach zu bedienende Verdeckverschlüsse (Cabriolet)
- 16-Gallonen-Benzintank (ca. 60 Liter)
- Frischluftheizung/Entfroster
- Vinylpolsterung
- Wagenheber Scherentyp
- Rückspiegel
- Einstiegsleiste aus Aluminium
- Extralange, parallele Scheibenwischer
- zweistufige Türarretierung
- zwei farbige Innenausstattungen
- Zigarettenanzünder und Aschenbecher
- Innenraum- und Handschuhfachbeleuchtung
- Armlehnen
- Sonnenblenden
- gebogenes Fensterglas
- Radzierblenden
- Karosserie gedämmt und rostgeschützt
- verschraubte vordere Kotflügel
- Vinyl-Dachhimmel
- Motorhaube/Heckdeckel mit Gegengewichten
- Haubenscharniere mit Federn
- einfach zu betätigende Motorhaubenverriegelung
- halbjährlicher Wartungsdienst
- hochglänzende Scheibenrahmen
- farblich abgestimmte Sicherheitsgurte
- selbstnachstellende Bremsen
- „Bear hug“-Türverschlüsse

Als der neue Mustang im Frühjahr 1964 als offizielles Pace Car für Indianapolis ausgewählt wird, beschließt Ford, das landesweit zu promoten. Die drei „echten" Pace Cars sind Cabriolets, die mit einigen speziellen Tuning-Maßnahmen für die hohen Geschwindigkeiten auf der Rennstrecke präpariert werden. Begleitend zum Rennereignis werden 225 Pace-Car-Replikas (35 Cabrios und 190 Coupés) in den Verkauf gebracht. Alle Coupés erhalten den Farbcode C, was nur 1964½ für „Pace Car White" steht. Weil die Cabrioversionen nicht in fortlaufender Reihenfolge produziert werden, erhalten sie nicht den C-Farbcode und sind daher bereits nach kurzer Zeit nicht mehr als Pace Cars zu identifizieren.

bekamen Weißwandreifen, 80 Prozent Radios, und fast drei Viertel aller Käufer wählten den Achtzylindermotor. Am Ende zahlten die frischgebackenen Mustang-Besitzer im Schnitt über 3000 Dollar, also weit mehr als den Basispreis von 2368 Dollar.

Karosserie und Außenausstattung

Ursprünglich gab es nur Coupés und Cabriolets im Angebot, bis dann im Spätsommer 1964, als aus den 1964½er Modellen 1965er wurden, die schnittige Fastback-Variante dazukam. Die Autos sahen so gut aus, dass sie eigentlich nicht eigens hätten beschrieben werden müssen. Fords Verkaufsbroschüren gingen dennoch in die Vollen: „Die Mustang-Front besitzt einen wabenförmigen Kühlergrill in „Gunmetal Gray" mit dem mittigen Mustang-Emblem in einem glänzenden rechteckigen Rahmen. Der wird von den glänzenden Zierleisten auf beiden Seiten betont. Der Grill führt die Linie der Motorhaube zwischen den 7-Zoll-Scheinwerfern fort. Schmale Sicken seitlich im Blech verstärken optisch den Vorwärtsdrang des Grills …

Die Windschutzscheibe hat in wahrer Sportwagenmanier eine Neigung von 52,5 Grad, und die Wölbung des Glases ist auf ein Minimum reduziert, um den unverzerrten Blick auf die Straße zu gewährleisten. Gebogenes, gehärtetes Sicherheitsglas wird für Ausstellfenster, Türscheiben und hin-

Die Pace-Car-Coupés haben alle den 260-CI-V8-Motor, Automatikgetriebe, Servolenkung und Innenausstattung in Code 42 (weiß mit blau). Das hier gezeigte akribisch restaurierte Exemplar besitzt die korrekten Aufkleber und Schriftzüge wie auch die Außenspiegel-Wegfalloption. Man beachte die unterschiedlichen Nummernschildbeschriftungen: INDY 64 vs. 64 INDY.

Typenschild-Entschlüsselung (Vehicle Warranty Number) für das Modelljahr 1964½

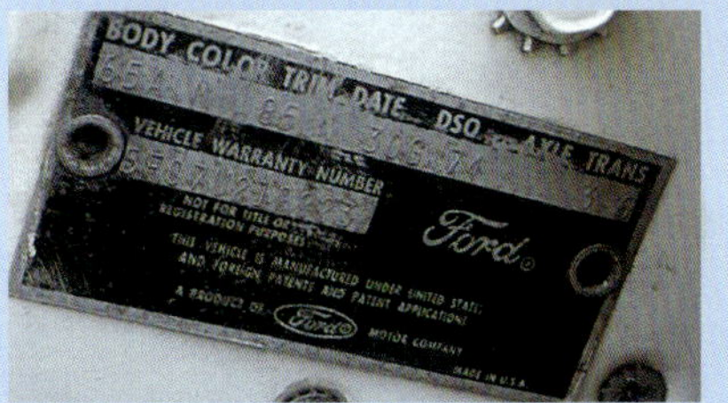

Fahrzeuggarantienummer:

Produktionsstätte
F = Dearborn, Michigan (Produktionsbeginn 9. März 1964)
R = San Jose, Kalifornien (Produktionsbeginn 13. Juli 1964)

Karosserietyp
07 = Hardtop-Coupé
08 = Cabriolet

Motorcodes
D = 260-4V-Achtzylinder niedrige Verdichtung/Normalbenzin/hydraulische Ventilstößel
F = 260-2V-Achtzylinder niedrige Verdichtung/Normalbenzin/hydraulische Ventilstößel
K = 289-4V-Achtzylinder hohe Verdichtung/Superbenzin/mechanische Ventilstößel
U = 170-1V-Sechszylinderreihenmotor niedrige Verdichtung/Normalbenzin/hydraulische Ventilstößel

Fortlaufende Produktionsnummer
Die restlichen sechs Ziffern der VIN bilden die auf dem Fließband zugewiesene fortlaufende Produktionsnummer.

Zeile über der Fahrzeuggarantienummer:

Karosserie/Innenausstattung
65A = Hardtop-Coupé/Standard Interior
76A = Cabriolet/Standard Interior

Farbcodes Außenlack

A	Raven Black
B	Pagoda Green
C	Pace Car White
D	Dynasty Green
F	Guardsman Blue
H	Caspian Blue
I	Champagne Beige
J	Rangoon Red
K	Silver Smoke Gray
M	Wimbledon White
O	Tropical Turquoise
P	Prairie Bronze
R	Ivy Green
S	Cascade Green
V	Sunlight Yellow
X	Vintage Burgundy
Y	Skylight Blue
Z	Chantilly Beige
3	Poppy Red

Innenausstattung

22	Blue
25	Red
26	Black
42	White with Blue Appointments
45	White with Red Appointments
46	White with Black Appointments
49	White with Palomino Appointments
56	Black and Cloth
82	Blue with Blue Appointments
85	Red with Red Appointments
86	Black with Black Appointments
89	Palomino with Palomino Appointments

Produktionsdatum
C = März 1964
D = April 1964
E = Mai 1964
F = Juni 1964
G = Juli 1964
Die Ziffern 1–31 vor dem Buchstaben der Monatskennung stehen für das Tagesdatum.

Auslieferungsbezirk (DSO)
Neben vielen anderen Informationen wurde auf dem Typenschild auch der Bestimmungsort des Fahrzeugs vermerkt.

11	Boston
12	Buffalo
13	New York
14	Pittsburgh
15	Newark
21	Atlanta
22	Charlotte
23	Philadelphia
24	Jacksonville
25	Richmond
26	Washington, D.C.
31	Cincinnati
32	Cleveland
33	Detroit
34	Indianapolis
35	Lansing
36	Louisville
41	Chicago
42	Fargo
43	Rockford
44	Twin Cities
45	Davenport
51	Denver
52	Des Moines
53	Kansas City
54	Omaha
55	St. Louis
61	Dallas
62	Houston
63	Memphis
64	New Orleans
65	Oklahoma City
71	Los Angeles
72	San Jose
73	Salt Lake City
74	Seattle
81	Ford of Canada
83	U.S. Government
84	Home Office Reserve
85	American Red Cross
89	Transportation Services
90-99	Export

Achsübersetzung

Ungesperrt	Gesperrt	Übersetzungsverhältnis
1	A	3,00:1
2	B	2,83:1
3	C	3,20:1
5	E	3,50:1
6	F	2,80:1
8	H	3,89:1
9	I	4,11:1

Getriebetyp

1	Dreigangschaltgetriebe
5	Viergangschaltgetriebe
6	C-4 Automatikgetriebe Cruise-O-Matic
F	C-4 Automatikgetriebe Cruise-O-Matic (nur Kanada)

Karosserieabmessungen in mm

	Hardtop	Cabriolet
Länge	4613	4613
Breite	1732	1732
Höhe	1298	1295
Radstand	2743	2743
Leergewicht in kg (Sechszylinder, Standardgetriebe)	1184	1256

tere Seitenfenstern verwendet. Alle Fenster sind mit hochglänzenden Zierleisten eingefasst, und die Hardtop-Modelle besitzen zusätzlich eine Chromzierleiste an der Dachkante.

Der niedrige Schwerpunkt des Mustang ermöglicht eine flache Karosserielinie mit Performance-Look, die lange, vorwärtsstrebende Motorhaube und die extrem kompakte Heckpartie haben nur kurze Überhänge, was das sportliche Äußere betont.

Die Länge der Motorhaube wird optisch durch eine seitliche Kehle im Blech verstärkt, die oben vom vorderen Kotflügel bis vor den hinteren Radlauf geht und von dort aus unten bis zum vorderen Radlauf zurück. Im hinteren Teil dieser breiten Sicke sitzt ein Chromornament, das einen Lufteinlass für die hinteren Bremsen simulieren soll.

Breit und aufgeräumt wirkt die Heckansicht des Mustangs mit seinen integrierten Stoßstangen, die außen zu den Karosseriekanten hoch verlaufen. Der mittig sitzende Tankeinfüllstutzen ist Standard und wird von einem verchromten Tankdeckel mit farbigem Schriftzug und Mustangemblem verschlossen. Unterhalb der Heckklappe sitzen die dreigeteilten Rücklicht-/Blinkereinheiten."

Abgesehen von den offensichtlichen äußeren Unterschieden zwischen Hardtop und Cabriolet verfügten beide Karosserievarianten serienmäßig über dieselben Zierteile.

Direkt zum Verkaufsstart gab es optional auch eine Seitenverzierung mit einer breiten Zierleiste am Schweller sowie einer feinen Pinselstrichlinie um die breite seitliche Karosseriesicke im Blech herum. Wurde diese Option bestellt, entfiel das seitliche Ornament vor dem hinteren Radlauf.

Aufgrund ihrer gleichen Grundkonstruktion waren die äußeren Abmessungen von Hardtop und Cabriolet fast identisch. Das Typenschild wurde im Verlauf der Endmontage an der Hinterseite der Fahrertür befestigt. Es enthält alle wichtigen Angaben zum jeweiligen Fahrzeug.

Innenausstattung

Mit Ausnahme der selten gewählten Option der durchgehenden vorderen Sitzbank (ab 1965) waren alle Innenräume von der Markteinführung bis zum

Oben: Das Standardinterieur für 1964½ im Code 85 (rot mit rot). Der Teppich im Fußraum hat zusätzlich eine seitlich gummierte Fläche am Getriebetunnel, was für dieses Baujahr nicht korrekt ist. Sie wird erst mit dem Modelljahr 1965 eingeführt. Unten links: Alle Mustang-Coupés haben einen weißen Himmel und weiße Sonnenblenden, „um die Geräumigkeit des Innenraums zu betonen". Aber es hilft wohl auch, die Produktionskosten niedrig zu halten. Unten rechts: Die optisch unaufgeregten Türverkleidungen mit den senkrechten Linien schaffen es hinüber in das Modelljahr 1965.

Oben: Die frühen Instrumententräger werden für die 1965er Produktion übernommen, das Generator-Warnlicht (GEN) allerdings nicht, es wird zum „ALT"-Licht. Oben rechts: Die zusätzlichen Anzeigen der Rally-Pac-Option bestehen aus einem Drehzahlmesser und einer Zeituhr. Sie sind unabhängig von der Motorisierung für alle Modelle erhältlich. Bei den K-Code-Hochleistungsmodellen reichen die Drehzahlmesser bis 8000 U/min, bei allen anderen bis 6000. Unten: In frühen Fahrzeugen ist der Fahrersitz um 11,5 cm verschiebbar, der Beifahrersitz gar nicht. Letzteres ändert sich ab Modelljahr 1965. Rechts: Alle Instrumentenblenden und Handschuhfachdeckel haben eine gekräuselte schwarze Oberfläche à la Kameragehäuse, so auch das hier gezeigte Pace Car.

Die Schalthebel für Automatik- und Schaltgetriebe sitzen auf dem Getriebetunnel. Ganz rechts: Die Frischluftzufuhr wird über einen Zugknopf mit dem Buchstaben „A" (Air) geregelt. Später sind diese Knöpfe einfach schwarz.

Ende des Modelljahrs 1966 gleich aufgebaut: zwei Einzelsitze vorne, Mittelschaltung und eine Rückbank für zwei Passagiere. Ford beschrieb das zur Präsentation im April 1964 so: „Das Interieur des Mustang hat Sport-Appeal. Der Zwei-plus-zwei-Sitzer verfügt vorn über gepolsterte Einzelsitze, die Rückenlehnen tragen seitlich Chromblenden. Die Sitze wurden speziell für den Mustang entworfen und sind für höheren Komfort ausgeformt. Die abgesteppten Sitzbezugeinsätze tragen zum Komfort und zur Langlebigkeit der Vinylbezüge bei (eine Kombination von Vinyl und Cordstoff in schwarz ist beim Hardtop erhältlich). An der Karosserie befestigte vordere Sicherheitsgurte sind serienmäßig. Der Fahrersitz ist um 11,5 cm verschiebbar, der Beifahrersitz ist fix. Die Schalensitze der Rücksitzbank haben ebenfalls abgesteppte Einsätze aus Vinyl oder schwarzem Cord.

Alle Hauptkomponenten des Mustang-Innenraums sind farblich auf die breite Auswahl an Interieurfarben abgestimmt. Die Sonnenblenden und der Dachhimmel im Hardtop sind mit weißem Vinylmaterial bezogen, das die Geräumigkeit des Innenraums betont. Für zusätzliche Haltbarkeit und ein dauerhaft makelloses Erscheinungsbild ist der Teppich aus Nylon-/Kunstseidengemisch der Innenraumbodenkontur angepasst. Polierte Aluminiumleisten im Einstiegsbereich kommen dem Erscheinungsbild des Türausschnitts zugute.

Die Bleche der oberen und unteren Türverkleidungen besitzen eine farblich abgestimmte Struktur-Oberfläche, und die Vinyleinsätze sind im Mittelteil von einer Zierleiste eingefasst. Die Armstützen sind für höchsten Fahrkomfort optimal platziert; sie sind gepolstert und chromgefasst.

… Der Instrumententräger besitzt verchromte Blenden um die beiden Rundinstrumente. Der bis 120 mph (miles per hour) reichende Tacho ist in 5-mph-Schritten eingeteilt. Die Instrumentenblende und der Handschuhfachdeckel setzen sich mit ihrer gekräuselten schwarzen Oberfläche nach Art von Kameragehäusen ab. Polsterung von Ober- und Stirnseite des Armaturenbretts ist serienmäßig.

Wird die Option der durchgehenden Mittelkonsole gewählt, ist der Schalthebel durch sie hindurchgeführt. Bei allen anderen Varianten sitzt die Schaltung direkt auf dem Getriebetunnel."

Mustang-Cabriolets besaßen ein manuelles Verdeck, das zugunsten einfacher Bedienung mit Gegengewichten ausgestattet war. Ein elektrohydraulisches Verdeck war als Zusatzausstattung erhältlich.

Chassis

Wie bereits im ersten Kapitel beschrieben, besaßen sowohl Hardtop als auch Cabriolet eine selbsttragende Karosserie mit Verstärkungselementen. Vom Falcon übernommen, bestand das Chassis aus vorderen und hinteren Längsträgern, die mit den Seitenschwellern verschweißt waren. Diese wurden mit fünf schweren Querträgern verbunden und bildeten so einen verwindungssteifen Rahmen. Der Unterboden wurde dann mit den vorderen und hinteren Längsträgern verschweißt. Der in die Bodengruppe integrierte Getriebetunnel erhöhte die Stabilität und Verwindungssteifheit zusätzlich. Die Motorraumbleche, die mit den vorderen Längsträgern und der Spritzwand verschweißt wurden, trugen ebenfalls zur Verstärkung bei.

Da die Cabriolets naturgemäß über kein festes Dach verfügten, wurden ihre Chassis mit Verstärkungsboxen ausgestattet. Die schweren Stahlkomponenten sind im Bereich der Spritzwand mit dem Rahmen verschweißt, um eine bessere Quersteifung der Karosserie zu erreichen. Zusätzlich wurde eine schwere Stahlplatte an den verstärkten Bereichen der Bodenbleche angebracht.

Cabrios bekamen Verstärkungen am Unterboden. Dieses spezielle Fahrzeug ist ein 1966er, die Konstruktion ist aber bei allen frühen Baujahren gleich.

Alle Cabrios der Modelljahre 1964½ bis 1966 besitzen im Motorraum Rohrstreben zur Verstärkung. Sie verlaufen von der Spritzwand zum Innenkotflügel, wie hier an einem 1966er Modell zu sehen.

Unabhängig von der Motorisierung (sechs oder acht Zylinder) basierten alle Mustangs auf derselben Plattform. Um das zusätzliche Gewicht und die Mehrleistung der V8-Motoren zu kompensieren, verstärkte Ford bei diesen Modellen das Fahrwerk.

Motoren

170-1V (Einfachvergaser)

Standardmotor der 1964½-Mustangs war der Reihensechszylinder mit 170 Cubic Inch (rund 2,8 Liter). Der 170er begann seine Karriere 1960 als neuentwickelter 144er für den Ford Falcon. Als immer mehr Leistung gefordert wurde, wuchs der Hubraum auf 170 Cubic Inch. Da ein Großteil der Mustang-Komponenten auf dem Falcon basiert, war es technisch und finanziell sinnvoll, auch dessen Basismotor zu verwenden. Frühe Verkaufsbroschüren priesen den Motor so an: „Ideal passend zu Größe und Gewicht des Mustangs wurde der 170-CI-Sechszylinder von Ford verbessert, um viele tausend Meilen zuverlässig und störungsfrei seinen Dienst zu versehen. Als sparsamster aller Mustang-Motoren bietet er ausreichend Kraft und Leistung für die meisten Autofahrer, sowohl in der Stadt als auch über Land."

Der 170er sei von unübertroffener Robustheit: „Die Teile werden im Präzisionsguss gefertigt, wie ihn Ford entwickelt und perfektioniert hat. Das garantiert Gussteile von maximaler Stabilität bei minimalem Gewicht. Sowohl der Block als auch der Zylinderkopf werden in diesem Verfahren hergestellt, und die Gewichtsersparnis bedeutet für die Mustangbesitzer höhere Leistung und niedrigeren Verbrauch, ohne die berühmte Ford-Zuverlässigkeit zu beeinträchtigen. Dieser Motor verfügt außerdem über einen automatischen Choke, der das Anspringen bei heißem oder kaltem Wetter verbessert. Zusätzlich wird das Ansprechverhalten des Chokes durch eine Kühlwasserleitung von Motor zu Heizung beeinflusst. Kühlt der Motor teilweise ab, steuert die Wärme des Kühlwassers die Bi-Metallfeder des Chokes so, dass die Benzinzufuhr beim Anlassen verringert wird und somit das Fluten des Vergasers sowie schlechte Verbrauchswerte vermieden werden."

Kurze Randnotiz: Alle Motoren des 1964½er Jahrgangs, also auch der 170 CI, waren mit Gleichstromlichtmaschinen ausgerüstet.

Für die Farbgebung der 1964½er Motoren beachten Sie bitte die Fotos in Kapitel 1.

Basismotor U-Code

Motorentyp:	Reihensechszylinder, hängende Ventile
Hubraum:	170 CI (2,8 l)
Fertigungsgruppe:	Falcon „Six"
Bohrung x Hub:	89 x 75 mm
Verdichtungsverhältnis:	8,7:1
PS bei 4400/min:	101
Drehmoment bei 2400/min:	211 Nm
Ventilstößel:	hydraulisch
Vergaser:	Autolite 1100, 1V
Treibstoffart:	Normalbenzin
Abmessungen:	84 x 58 x 71 cm (L x B x H)
Gewicht:	156 kg

Motor F-Code

Motorentyp:	Achtzylinder in 90°-V-Anordnung, hängende Ventile
Hubraum:	260 CI (4,3 l)
Fertigungsgruppe:	Fairlane V8
Bohrung x Hub:	96,5 x 72,9 mm
Verdichtungsverhältnis:	8,8:1
PS bei 4400/min:	164
Drehmoment bei 2200/min:	348 Nm
Ventilstößel:	hydraulisch
Vergaser:	Autolite 2100, 2V
Treibstoffart:	Normalbenzin
Abmessungen:	71 x 64 x 74 cm (L x B x H)
Gewicht:	209 kg

Oben und links:
Im Vergleich zu den Achtzylindermotoren nimmt der 170-CI-Sechszylinder der Basisausstattung im Motorraum nur wenig Platz ein.

Gegenüberliegende Seite oben: Der „kleine“ V8 nur für 1964½er Modelle war der 260-2V. Darunter: Auf dem 260er sitzt ein Autolite-2100-Zweifachvergaser mit automatischem Choke.

FRONT

Achten Sie auf die mit schwarzem Unterbodenschutz versehene Bodengruppe sowie die 260er-typische Auspuffanlage. Dieser 1964½er Mustang stammt aus der Dearborn-Fabrikation.

Der erste Mustangmotor mit 289 Cubic Inch ist der D-Code mit Vierfachvergaser. Auch wenn er für 210 PS und 405 Nm gut ist, gilt er mit seiner Verdichtung von 9,4:1 als niedrig verdichteter 289er.

Fortsetzung von Seite 47

Abgasanlage

Die Auspuffanlage des 170ers besaß einen quer eingebauten Schalldämpfer direkt hinter der Hinterachse. Diese Platzierung erlaubte Ford die Verwendung eines 64 cm langen Auspufftopfes. Diese Länge bot einen weniger restriktiven Luftdurchfluss und bessere Abstimmbarkeit. Schalldämpfer und Endrohr waren aus aluminiertem Stahl und die gesamte Abgasanlage war doppelwandig konstruiert.

260-2V (Zweifachvergaser)

Der optionale Basis-V8 für 1964½ war der 260-CI-Small-Block mit 164 PS und eindrucksvollen 348 Nm Drehmoment. Der ehrwürdige 260er wurde zuerst 1962 als aufgebohrte Version des neuen 221 als „Fairlane-V8" vermarktet. Mit dem Modelljahr 1963 erhielten Falcons und Comets den 260er als Standard-Achtzylinder (optional zum Sechszylinder), während man ihn im Fairlane nur als Mehrausstattung zum 221 bekam. Als dann der Mustang in den Startlöchern stand, war auch der 260er bereit.

Ford war immer darauf bedacht, die Gemeinsamkeiten zwischen den einzelnen Motoren so groß wie möglich zu halten. Daher war es möglich, den 260er mit überarbeiteten Zylinderköpfen fit für die größeren 289er Ventile zu machen. Im Ergebnis atmeten die Köpfe ein wenig leichter als beim originalen 260er, der Hubraum blieb jedoch unverändert. Auch wenn man 1964 die Kraftkur nicht bewarb, so brachte sie doch einige Pferdestärken. Übrigens begann in jenem Jahr Carroll Shelby damit, seine frühen AC Cobras mit 260er Motoren auszustatten, natürlich in hochgezüchteter Form.

O-Ton Ford: „Der Mustang-260-V8 ist die kleinste Motorisierung, und mit 164 PS leistet er 60 Prozent mehr als der Standard-170-CI-Sechszylinder, bei immer noch guten Verbrauchswerten. In Kombination mit der optionalen Cruise-O-Matic liefert er überragendes Fahrvergnügen mit exzellenter Leistung und maximalem Fahrkomfort."

Abgasanlage

Das System des 260ers besteht aus zwei Hosenrohren, die hinter dem Getriebe in V-Form zusammengeführt werden. Das anschließende einzelne Mittelrohr verläuft bis zur Hinterachse und darüber hinweg zum vor dem Kraftstofftank quer eingebauten Schalldämpfer.

Motor D-Code

Motorentyp:	Achtzylinder in 90°-V-Anordnung, hängende Ventile
Hubraum:	289 CI (4,7 l)
Fertigungsgruppe:	Fairlane V8
Bohrung x Hub:	101,6 x 72,9 mm
Verdichtungsverhältnis:	9,4:1
PS bei 4400/min:	210
Drehmoment bei 2800/min:	405 Nm
Ventilstößel:	hydraulisch
Vergaser:	Autolite 4100, 4V
Treibstoffart:	Normalbenzin
Abmessungen:	71 x 64 x 74 cm (L x B x H)
Gewicht:	211 kg

Motor K-Code

Motorentyp:	Achtzylinder in 90°-V-Anordnung, hängende Ventile
Hubraum:	289 CI (4,7 l)
Fertigungsgruppe:	Fairlane V8
Bohrung x Hub:	101,6 x 72,9 mm
Verdichtungsverhältnis:	10,5:1
PS bei 6000/min:	271
Drehmoment bei 3400/min:	421 Nm
Ventilstößel:	mechanisch, einstellbar
Vergaser:	Autolite 4100, 4V
Treibstoffart:	Superbenzin
Abmessungen:	71 x 64 x 74 cm (L x B x H)
Gewicht:	211 kg

289-4V (Vierfachvergaser)

Beim 1964½er Mustang als Option erhältlich, wurde der Basis-289er für Galaxie 500- und XL-Modelle bereits ein Jahr früher eingeführt. Entgegen der landläufigen Meinung ist der 289 kein aufgebohrter 260. Es war ein komplett neuer Block mit neuen Innereien. Die Pleuelstangen wurden verstärkt und die Durchmesser der Ventilschäfte deutlich vergrößert. Ansaugbrücke und Zylinderköpfe erhielten größere Ansaugkanäle, der Kanal zum Vergaser wurde ebenfalls vergrößert. Ventilfedern, Federteller und Ventildichtungen wurden überarbeitet. Das Verdichtungsverhältnis von 9,0:1 und die Leistung von 195 PS waren angenehme Verbesserungen zum 260er.

Die 1964er Version des 289ers wies einige Verbesserungen gegenüber dem Vorgänger auf, etwa die optimierte Kurbelgehäuse-Entlüftung. Zum Leistungsplus führten jedoch vor allem die überarbeitete Ansaugbrücke und der Vierfachvergaser. Diese feine Kombination, die Mitarbeiter der Mercury-Comet-Linie angeregt hatten, ergab auf dem Leistungsprüfstand 210 PS und 405 Nm Drehmoment – perfekt für das neue Pony-Car. Außerdem blieben die Außenabmessungen gleich, was keine Probleme beim Einbau bedeutete. So entstand der legendenumwobene Small-Block-Mustang.

1964 preist eine Broschüre die Vorzüge: „Der größte Motor der leichtgewichtigen V8-Familie, der Mustang 289 V8, liefert zusätzliche Pferdestärken bei nur geringer Gewichtszunahme. Im Mustang entwickelt er 210 PS und unterscheidet sich vom 260er durch Vierfachvergaser, höhere Verdichtung, größere Ventilüberschneidung und größeren Hubraum. Abgesehen davon sind 260er und 289 vom Aufbau her ähnlich. Wer dem sportlichen Styling des Mustangs die passende Leistung verpassen will, wird mit Sicherheit den 289er V8 wählen.“ Der Text führte dann noch die technischen Daten auf und schließt: „Wie überlegen dieses Motorenkonzept ist, hat sich durch die Übernahme von Ford-V8-Motoren in europäische Sportwagen gezeigt.“

Abgasanlage

Ähnlich wie die des 260ers wurden beim 289er zwei Rohre hinter dem Getriebe V-förmig zusammengeführt. Von dort aus führte ein Einzelrohr nach hinten, verlief über die Hinterachse und war dort mit dem Schalldämpfer verbunden. Dieser ist zwischen Hinterachse und Kraftstofftank platziert.

289-4V (Vierfachvergaser) „Hi-Po“

Der sagenumwobene Hi-Performance-289er-V8-Motor war ab Juni für die 1964½er Modelle erhältlich und revolutionierte die Leistung des Mustang. Nun war das Pony Car endgültig ein Rennpferd.

Die Geschichte des 289er-Hi-Performance-Motors, meist nur als „Hi-Po“ bezeichnet, begann 1963 in Fords Cleveland-Motorenfertigung. Einige der Motorenblöcke wurden vom Band genommen und auf geringe Porosität im Guss untersucht. Fanden sich keine Einschlüsse oder Gussfehler, wurden sie mit „heavy-duty“-Hauptlagerdeckeln versehen. Dieser nackte Block mit seinen eingearbeiteten, speziellen Hauptlagerdeckeln wurde zur Basis des „Hi-Po“: einer soliden, unzerstörbaren Plattform für alle hochdrehenden Komponenten, die Ford auf Lager hatte.

Der Motor erhielt eine verstärkte, hochfeste gegossene Stahlkurbelwelle. Speziell behandelte Pleuelstangen, hochfeste, flache Aluminium-Kolben, spezielle Zylinderköpfe mit eingelassenen Ventilsitzen und mechanische Stößel in Verbindung mit einer scharfen Nockenwelle rundeten das „Hi-Po“-Paket ab.

Oben auf der 4V-Guss-Ansaugbrücke saß ein Autolite-4100-Vierfachvergaser mit einem Luftdurchsatz von 480 cfm (Kubikfuß pro Minute). Dieser Vergaser hatte einen automatischen Choke und entsprach, abgesehen von kleineren Kalibrierungs- und Düsenunterschieden, dem der Galaxie 390-4V. Die Frischluft wurde über einen offenen Luftfilter eingesogen, die Abgase entwichen durch strömungsoptimierte Gusskrümmer. Von außen sind 289er Hi-Po-Motoren an verchromten Ventildeckeln und Luftfiltern zu erkennen.

Wieder O-Ton Ford: „Für alle, die sich nicht mit weniger als der Höchstleistung zufriedengeben, ist der Mustang mit Fords leichtem Hochleistungsmotor, dem 289-CI-Hi-Performance-V8, erhältlich. Entworfen für den echten Sportenthusiasten, liefert dieser kraftvolle V8 die passende Performance zum sportlichen Mustang-Styling. Kunden, die beabsichtigen, an Rennveranstaltungen wie Gymkhanas (Slaloms) oder Rallyes teilzunehmen, werden von der Beschleunigung des Motors, über 600 Fuß (180 m) in den ersten 10 Sekunden aus stehendem Start, begeistert sein.

Dank Fords umfangreichem Test- und Entwicklungsprogramm sowie zusätzlichen Erkenntnissen aus dem Motorsport besitzt der 289-CI-Hi-Performance-V8 die für die hohe Leistung von 271 PS nötige Zuverlässigkeit und Langlebigkeit. Alle Motorkomponenten wurden im Hinblick auf extreme Anforderungen getestet. Zuverlässigkeit und Langlebigkeit wurden nicht mit zusätzlichem Gewicht erkauft. Dieser Motor ist ein echtes Leichtgewicht, wie sich beim günstigen Leistungsgewicht von weniger als 2 Pound (1,8 kg) pro Pferdestärke zeigt.“ So war es in der Tat!

Abgasanlage

Frühe 289er-Hi-Po-Auspuffanlagen sollten maximalen Gasdurchsatz gewährleisten. Die speziellen Krümmer waren hinter dem Getriebe mit einem H-Rohr verbunden. Von dort verliefen zwei Rohre in zwei separate Resonatoren kurz vor der Hinterachse. Die Rohre führten dann über die Hinterachse in einen quer eingebauten Auspufftopf. Aus diesem kamen die beiden Endrohre, die unter der hinteren Stoßstange endeten.

Mitte Oktober 1964 wurde diese Anlage durch ein effizienteres System mit zwei Auspufftöpfen ersetzt, das detailliert in Kapitel 4 beschrieben wird. Da die Produktion der 1965er Modelle bereits im August 1964 begann, fand sich das ursprüngliche System häufig noch an frühen 1965er Fahrzeugen.

Getriebe

Sowohl der 170-CI-Sechszylinder als auch der 260-CI-Achtzylinder kamen standardmäßig mit Dreigang-Schaltgetriebe. Beim Sechszylinder war der erste Gang unsynchronisiert.

Das konventionelle Dreigang-Schaltgetriebe mit Graugussgehäuse besaß schrägverzahnte Gänge und Wälzlager für leisen Betrieb und lange Lebensdauer. Synchronringe erlaubten problemloses Wechseln zwischen zweitem und drittem Gang. Der Nachteil des nur teilsynchronisierten Getriebes war, dass das Fahrzeug zum vollständigen Halt kommen musste, wenn man den ersten Gang einlegen wollte.

Das vollsynchronisierte Dreigang-Schaltgetriebe besaß dasselbe Getriebegehäuse und die schrägverzahnten Gänge wie das einfachere Modell. Alle Gänge waren synchronisiert und erlaubten so das einfache Schalten ohne Zwischengas.

Optional wurde auch ein Viergang-Schaltgetriebe mit speziell für das Drehmoment des Sechszylinders angepassten Übersetzungen angeboten. Alle Vorwärtsgänge waren synchronisiert. Ford: „Das Getriebe wurde verbessert, um größere Zuverlässigkeit und geringeren Wartungsbedarf zu gewährleisten. Das Gehäuse aus Präzisionsguss bietet geringes Gewicht und hohe Stabilität; schrägverzahnte Gänge

Übersetzungsverhältnisse
Sechszylinder Dreigang-Schaltgetriebe

1. Gang:	3,29:1
2. Gang:	1,83:1
3. Gang:	1,00:1
Rückwärtsgang:	4,46:1

Übersetzungsverhältnisse
260er V8 vollsynchronisiertes Dreigang-Schaltgetriebe

1. Gang:	2,79:1
2. Gang:	1,70:1
3. Gang:	1,00:1
Rückwärtsgang:	2,87:1

Übersetzungsverhältnisse
Viergang-Schaltgetriebe (Sechszylinder)

1. Gang:	3,16:1
2. Gang:	2,21:1
3. Gang:	1,41:1
4. Gang:	1.00:1
Rückwärtsgang:	3,35:1

Übersetzungsverhältnisse Viergang-Schaltgetriebe (289-4V und 289-4V Hi-Po)

	289-4V	289-4V Hi-Po
1. Gang:	2,78:1	2,32:1
2. Gang:	1,93:1	1,69:1
3. Gang:	1,36:1	1,29:1
4. Gang:	1.00:1	1,00:1
Rückwärtsgang:	2,78:1	2,32:1

Übersetzungsverhältnisse Cruise-O-Matic (alle Motorisierungen außer 289-4V Hi-Po)

1. Gang:	2,46:1
2. Gang:	1,46:1
3. Gang:	1,00:1
Rückwärtsgang:	2,20:1
Übersetzungsverhältnis Drehmomentwandler:	2,40:1 (Sechszylinder)
	2,05:1 (Achtzylinder)

Produktionsmarken Hinterachse

Alle Mustangs bekamen in der Produktion Blechmarken am Differenzialgehäuse. Im ersten Kapitel haben wir gezeigt, wie man die Codes entschlüsselt. Die Tabelle führt die verschiedenen Differenzialtypen und ihre Verwendung auf.
Anmerkung: „Equa Lock" steht für ein Sperrdifferenzial.

Kennung 1964½–1965	Durchmesser in Zoll	Übersetzungs-verhältnis	Typ	Verwendung
WCY-E	7,25	3,20	Standard	
WCY-F	7,25	3,50	Standard	Nur mit Schaltgetriebe
WCY-L	7,25	3,20	Equa Lock	
WCY-N	7,25	2,83	Standard	Nur mit Schaltgetriebe
WCY-R	7,25	2,83	Standard	Nur mit Automatikgetriebe
WCY-AA	7,25	2,83	Equa Lock	
WCY-AJ	7,25	3,20	Standard	
WCZ-E	8,00	2,80	Standard	Mit 289-2V
WCZ-F	8,00	3,00	Standard	Mit 289-4V und Dreigangschaltgetriebe oder Automatikgetriebe
WCZ-G	8,00	3,50	Standard	Mit 289-4V und Viergangschaltgetriebe
WCZ-H	8,75	3,89	Standard	Mit 289 K und Viergangschaltgetriebe
WCZ-J	8,75	4,11	Standard	Mit 289 K und Viergangschaltgetriebe
WCZ-P	8,75	3,50	Standard	Nur High-Performance-Verwendung
WDJ-B	7,75	2,80	Equa Lock	
WDJ-C	8,00	3,00	Equa Lock	289-4V mit allen Getriebetypen
WDJ-E	8,00	3,50	Equa Lock	289 K und Viergangschaltgetriebe

erlauben leise und störungsfreie Bedienung, Wälzlager erhöhen die Lebensdauer."

War der Mustang mit einer der beiden 289er-Maschinen ausgestattet, ließ sich das Viergang-„Top-Loader"-Schaltgetriebe ordern, das speziell für diese Motoren entwickelt worden war. Obwohl es in anderen Modellen mit 260er-Motor erhältlich war, gab es diese Kombination beim Mustang nicht.

Zitat aus einer Broschüre: „Dieses Getriebe ist für Motoren mit weit höherer Leistung als denen im Mustang gebaut und garantiert dem Mustang-Fahrer somit ein hohes Maß an Stabilität und Zuverlässigkeit."

Weiterhin konnten Mustangs auch mit der Dreigang-Automatik „Cruise-O-Matic" mit Aluminiumgehäuse bestellt werden. Lediglich beim K-Code war dieses Getriebe nicht erhältlich. Im Prospekt heißt es: „Diese qualitativ hochwertige Automatik verbindet die neuesten Leistungs- und Komfortmerkmale: Drehmomentwandler … drei Vorwärtsgänge … zwei Fahrstufen … vakuumgesteuertes Drosselventil … Mittelschaltung mit „T"-Schalthebel … Parksperre."

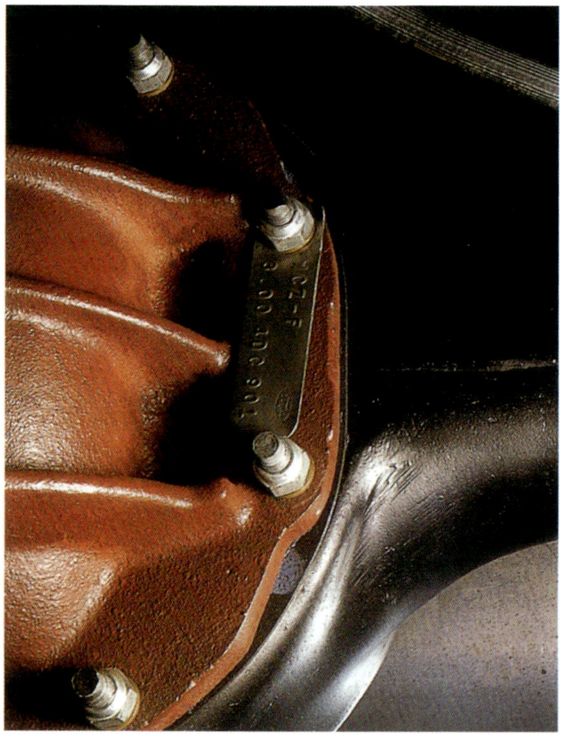

Jede Mustang-Hinterachse besitzt ab Werk eine Produktionsmarke, die über Hinterachstyp, Achsübersetzung, Herstellungsdatum und -ort Auskunft gibt. In diesem Fall bedeutet die Einstanzung: WCZ-F = 8-Zoll-Hinterachse; 3.00 = Übersetzungsverhältnis 3,0:1; 4 = 1964; D = April; C = dritte Woche (also ein frühes Modell); 901 = Werkscode für Dearborn, Michigan.

Kupplungen

Alle Mustangs mit Sechszylindermotoren besaßen eine Trockenscheibenkupplung. Um den Kraftschluss zu gewährleisten, verwendete dieses Sys-

Alle Mustangs, unabhängig von der Zylinderzahl des Motors, haben eine Vorderachskonstruktion aus oberen und unteren Querlenkern sowie Schraubenfedern mit Stoßdämpfern. Sechszylindermodelle besitzen 4 Radbolzen (oben), bei Achtzylindern sind es fünf (rechts). Trommelbremsen sind durchweg Standard. Die oben abgebildete Bremstrommel ist original, bei der unteren handelt es sich um eine Nachfertigung.

Fahrwerk

Vorne

Bauart:	Einzelradaufhängung mit Kugelgelenken
Federn:	4-Zoll-Schraubenfedern mit Gummiummantelung
Stoßdämpfer:	Öldruckstoßdämpfer, vertikal verbaut
Stabilisator:	Querstabilisator mit Koppelstange, gummigelagert
Radlager:	innere und äußere Kegelrollenlager, konisch

Hinten

Bauart:	längs eingebaute halbelliptische Blattfedern mit variabler Federrate, gummigelagert
Anzahl Blattfederlagen:	4
Länge x Breite:	135 x 6,4 cm
Federschäkel:	in Gummibuchsen gelagert
Stoßdämpfer:	Öldruckstoßdämpfer, schräg verbaut

tem starke Spiralfedern hinter der Druckplatte. Bei Fahrzeugen mit Achtzylindern war eine andere Kupplung verbaut. Fliehkraftgewichte an Hebeln mit Rückstellfedern sorgen für Kraftschluss auch bei höheren Drehzahlen. Je höher die Motordrehzahl, desto mehr wurde der Gripp durch die Fliehkraft unterstützt.

Hinterachsen

Für die Mustangs von 1964½ bis 1966 gab es unterschiedliche Hinterachsen für Sechs- und Achtzylindermodelle. Beide besaßen halbfliegende Hinterachswellen und hypoidverzahnte Differenziale, d. h. die Achsen von Kegelrad und Tellerrad waren versetzt, was eine geschmeidige und effiziente Kraftübertragung zu gewährleisten sollte.

Sechszylindermodelle

Fahrzeuge mit dem 170-CI-Sechszylinder erhielten eine Hinterachse mit einem Differenzialträger aus Guss. Dieser war mit dem Achsgehäuse verschweißt und bildete so eine stabile Baugruppe. Das von der Mittelachse versetzte Antriebsritzel lief auf zwei vor dem Kegelrad liegenden Kegelrollenlagern. Spezielle Achswellen aus induktionsgehärteten Stahlschmiedeteilen mit kaltgewalzten Verzahnungen mündeten ins Differenzial auf der einen und in die Radnabe auf der anderen Seite.

Achtzylindermodelle

Mustangs mit Achtzylinder bekamen Hinterachsen mit Banjo-Achsgehäuse und dreifach gelagertem Antriebskegelrad. Das Design mit zwei Kegelrollenlagern vor und einem Zapfenlager hinter dem Kegelrad ergab eine perfekte Ausrichtung von Kegelrad zu Tellerrad. Die Achswellen bestanden wiederum aus induktionsgehärteten Stahlschmiedeteilen mit kaltgewalzten Verzahnungen, die an ihren Enden mit Differenzial und Radnabe verbunden waren.

Kardanwelle und Kreuzgelenke

Alle Mustangs besaßen offenliegende Kardanwellen mit Kreuzgelenken an beiden Enden. Für maximale Stärke und geringes Gewicht waren die Kardanwellen aus nahtlosem Stahlrohr hergestellt. An beide Enden wurden geschmiedete Gabeln geschweißt, und abschließend wurde das Ganze dann feingewuchtet. Die Kreuzgelenke besaßen gekapselte, vorgeschmierte Nadellager, die etwa alle 50.000 km abgeschmiert werden mussten.

Fahrwerk, Lenkung, Bremsen

Das Mustang-Fahrwerk ist unkompliziert aufgebaut und einfach zu warten. Die Bauteile der Sechszylin-

Das Steuerventil der Servolenkung von Bendix war angeschraubt, später ist es in die Spurstange integriert.

dermodelle kamen direkt aus dem Falcon-Teileregal, während die Achtzylinder Fahrwerksteile vom schwereren Fairlane hatten. Unabhängig von der Motorisierung besitzen alle Mustangs vorn Einzelradaufhängung mit Kugelgelenken, einfachen Querlenkern unten sowie Dreiecksquerlenkern oben. Sie sind mit Schraubenfedern, Querstabilisator und Öldruckstoßdämpfern ausgestattet.

Die Hinterachse ist an den halbelliptischen Blattfedern mit je 4 Federlagen befestigt. Die Federn wurden je nach Karosserieform (Hardtop oder Cabriolet) und Ausstattung individuell kalibriert und gummigelagert vorne an den Rahmen und hinten mit Schäkeln an die Rahmenträger montiert. Das System war mit zwei schräg vor der Hinterachse eingebauten Stoßdämpfern komplettiert.

Oben: Von der Einführung des Mustangs an bis ins Modelljahr 1965 kommen Servopumpen und -behälter von Eaton und FoMoCo.

Die Lenksäulen tragen dieselbe Farbe wie die Karosserie, in diesem Fall Pace Car White.

Oben: Alle Mustangs tragen ab Werk eine Kennmarke am Lenkgetriebe.
Oben rechts: Den Bremslichtschalter am Hauptbremszylinder gibt es nur beim 1964½er Modell.

K-Code-Mustangs mit ihren Hi-Po-V8 spendierte man ein härter abgestimmtes Fahrwerk: Vorne stieg die Federrate von 396 auf 449 N, hinten von 449 auf 578. Sie bekamen außerdem stärkere Stoßdämpfer rundum, ein kleineres Lenkübersetzungsverhältnis von 22:1, und einen von 0,69 auf 0,84 Zoll verstärkten Stabilisator. Dieses Fahrwerkspaket gab es optional auch zum 289-4V-Motor.

Lenkung

Alle Mustangs waren mit derselben Lenkung ausgestattet. Das System war typisch für die meisten US-Fahrzeuge dieser Zeit. Ford taufte seine Kugelumlauflenkung „Magic Circle". Die Reibstellen waren dauergeschmiert, das Lenkgetriebe mit lebenslang haltbarem Schmierstoff gefüllt.

Die optional erhältliche Servolenkung benötigte nur vier pound (18 N) Druck, um voll wirksam zu werden. Eaton-Servopumpe und -Reservoir befanden sich vorne im Motorraum auf der Fahrerseite, wobei im Modelljahr 1964½ verschiedene Versionen von FoMoCo und Eaton verbaut wurden. Das Handling-Paket sowie die Servolenkungsoption boten beide das direktere Übersetzungsverhältnis von 22:1.

Bremsen

Unabhängig von ihrer Motorisierung waren alle Mustangs ab Werk serienmäßig mit Trommelbremsen ausgerüstet. Es handelt sich um selbstverstärkende Simplexbremsen. Sie sind selbstnachstellend, der Mechanismus wird beim Bremsen in Rückwärtsfahrt aktiviert. Die Handbremse wird mit einem

Lenkung

Lenkgestänge:	Trapezform mit Spurstangen und Lenkhebeln
Lenkgetriebe:	„Magic Circle"-Kugelumlauflenkung
Übersetzungsverhältnis:	
ohne Servounterstützung:	27:1
mit Servounterstützung:	22:1
Lenkradumdrehungen (von Anschlag zu Anschlag):	
ohne Servounterstützung:	4,5
mit Servounterstützung:	3,7
Wendekreis:	11,9 m
Kennungen am Lenkgetriebe	
ohne Servo (Standard):	HCC-AT
ohne Servo (Performance):	HCC-AX
Servolenkung:	HCC-AW

Bremsen

	Sechszylinder	Achtzylinder
Bremstrommel ø	9 Zoll	10 Zoll
Material Bremsbeläge	asbesthaltiges Harz	
Befestigung Bremsbeläge	vernietet	
Gesamtfläche Beläge (cm²)	845	994

Den Strom liefern Gleichstromlichtmaschinen von FoMoCo, bis mit den 1965er Modellen auf Drehstrom umgestellt wird. Hier sind Lichtmaschinen von Sechs- und Achtzylindermodellen zu sehen.

Die frühen FoMoCo-Regler sind größer als die später verwendeten für Drehstromlichtmaschinen.

Mustangs des Modelljahrs 1964½ haben Luftleiter unmittelbar vor der Batterie, die für Zirkulation rund um den Stromspeicher sorgen sollten.

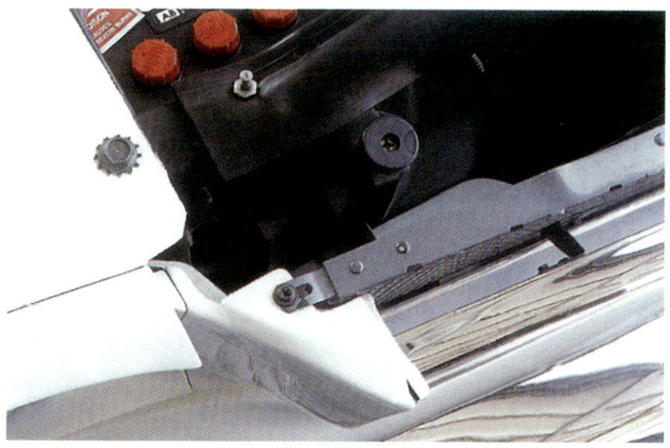

Der originale Autolite-Deckel verschließt den Kühler eines Sechszylinders.

Hebel links unter dem Armaturenbrett über einen Seilzug betätigt.

Optional konnten im Modelljahr 1964½ bei allen V8-Modellen vordere Scheibenbremsen bestellt werden. Es handelte sich um eine Doppelkolbenbremse mit innenbelüfteten Grauguss-Scheiben. An der Hinterachse waren aber immer nur Trommelbremsen erhältlich.

Bremskraftverstärker konnten ebenfalls geordert werden, jedoch nicht in Verbindung mit Scheibenbremsen. Die frühen Mustangs erhielten Unterdruck-betriebene Bremskraftverstärker von Bendix.

Elektrik, Kühlung, Heizung

Die ersten Mustangs hatten keilriemenangetriebene Gleichstromlichtmaschinen. Das 12-V-System war bei Sechszylindern mit einem 25-Ampère-Generator ausgestattet, bei den Achtzylindern waren es 30 Ampère. Die Batterien mit je 54 Platten leisteten bei den Sechszylindern 40 Ah und bei den Achtzylindern 55 Ah.

Es gab zwei verschiedene Kühlermodelle bei Mustangs des Modelljahrs 1964½: Sechszylinder nutzten einen mit 8 Litern Kapazität, die V8 bekamen einen mit 13,3 Litern. In beiden Fällen handelt es sich um geschlossene Kühlkreisläufe. Der Thermostat findet sich bei beiden Motorenbaureihen an den oberen Wasserauslasskanälen des Motors.

Die Kühlerventilatoren unterscheiden sich, je nach genauer Ausstattung des Fahrzeugs und dessen Herstellungsdatum, stark. Bei frühen Fahrzeugen mit Klimaanlage war ein 6-Blatt-Lüfter an eine Gussriemenscheibe montiert. Autos, die in der Übergangszeit zum Modelljahr 1965 gebaut wurden, besaßen dagegen 5-blättrige Ventilatoren an gestanzten Riemenscheiben. Mustangs ohne Klimaanlage bekamen Ventilatoren mit vier Blättern.

Die als Zusatzausstattung erhältlichen Klimaanlagen von Ford wurden mittig unter dem Armaturenbrett angebracht. Bei Anlagen der Modelljahre 1964½ und 1965 war die Front matt silberfarben und hatte vier runde Luftauslässe. Es gab drei Geschwindigkeiten: „High" (6,5–7,5 A), „Medium" (4,5–5,5 A) und „Low" (3–4 A). Die Klimakompressoren saßen vorne auf der Fahrerseite des Motorraums und wurden von Keilriemen angetrieben. Eine 3AG-15-Amp-Sicherung sorgte für die elektrische Verbindung.

Die Heizungen der frühen Mustangs befanden sich auf der Beifahrerseite unter dem Armaturenbrett. Sie wurden vom Motor mit erhitztem Wasser gespeist. Es gab ein zweistufiges Gebläse: In „High" zog der Lüftermotor 6–8 Ampère, in „Low" 2–4. Die Heizungs-/Gebläseeinheit war mit einem

Schutzschalter mit einer SFE 14-Amp-Sicherung abgesichert.

Felgen und Reifen

Mit Ausnahme der K-Codes wurden alle ersten Mustangs unabhängig von der Motorisierung mit 13-Zoll-Felgen ausgeliefert. Die Sechszylindermodelle hatten vier Radbolzen, die V8-Modelle fünf. Bei beiden betrug die Felgenbreite 4,5 Zoll. Optional gab es sowohl bei Sechs- als auch bei Achtzylindern 14-Zoll-Felgen. Das „Special-Handling-Package", das neben 14-Zöllern auch ein härteres Fahrwerk beinhaltete, war als Option für sämtliche Achtzylinder erhältlich sowie Standardausstattung bei den K-Codes. Bis Herbst 1964 konnte man aufpreispflichtig auch 15-Zoll-Felgen ordern, jedoch nur bei Autos mit dem oben erwähnten Handling-Paket.

Alle 1964½er Mustangs kamen serienmäßig mit 6,5x13-Zoll-Reifen aus vierlagigem Rayon. Hochwertige Nylonreifen und Versionen mit Weißwand waren sowohl in 13 als auch in 14 Zoll bestellbar. Die speziellen 15-Zoll-Reifen für die Fahrzeuge mit Handling-Paket waren in 5,7 und 5,9 Zoll Breite erhältlich, jedoch nur bis September 1964, als sie durch neue 14-Zoll-Nylonreifen mit dem doppelten roten Ring ersetzt wurden. Letztere waren bei allen K-Codes Standard, bei allen anderen Achtzylindermodellen als Sonderausstattung verfügbar. Achtzylindermodelle mit Klimaanlage wurden serienmäßig mit Reifen der Größe 6,95x13 Zoll ausgeliefert.

Alle 13- oder 14-Zoll-Reifen gab es auch in Weißwandausführung.

Felgen

	Sechszylinder	**Achtzylinder**
Typ:	gelochtes Stahlscheibenrad mit Sicherheitshump	
Anzahl Radbolzen:	4	5
Raddurchmesser und Felgenbreite:		
Standard	13x4,5 Zoll	13x4,5 Zoll
Option	14x4,5 Zoll	14x5,0 Zoll 15x5,0 Zoll

Reifen (Maße in Zoll)

	6,5x13	**6,96x13**	**6,5x14**	**5,7/5,9x15**
Sechszylinder	Standard	–	Option	–
Achtzylinder	Standard	Option	Option	–
Achtzylinder*	–	–	Standard	Option

* mit Handling-Paket

Ganz links: Die Standard-Radkappe für alle Mustangs gibt es mit 13 und 14 Zoll Durchmesser. Links: Für beide Radgrößen gibt es diese Radkappe optional auch mit falschen Zentralverschlüssen. Unten ganz links: Die optionale 14-Zoll-Speichen-Radkappe hat eine weit herausstehende Zentralverschluss-Attrappe, die ihr die Bezeichnung „Kutschenstil" beschert. Dieser Radkappenstil wird aus Sicherheitsgründen Mitte 1964 eingestellt. Unten links: Spätere Speichen-Radkappen mit 13 oder 14 Zoll Durchmesser haben die Zentralverschlussattrappe weiter zurückgesetzt.

Standardausstattung bei allen Mustangs sind Reifen der Marke Firestone.

Optionen

Die folgende Liste der Zusatzausstattungen ist einem Verkäuferhandbuch entnommen. Schon bei den allerersten Mustangs waren die Auswahlmöglichkeiten gigantisch. Der Mustang konnte wahrhaftig als „das Auto, das gestaltet wurde, um von Ihnen gestaltet zu werden" bezeichnet werden.

Basispreis

2-türiges Hardtop	2368,00 $
Cabriolet	2614,00 $

Motoren

- Achtzylinder 260-CID 2V, 164 PS (Aufpreis zum 170-CID 1V, 101 PS Sechszylinder) 75,00 $
- Achtzylinder 289-CID 4V, 210 PS (Aufpreis zum 260-CID 2V) 87,00$
- Achtzylinder 289-CID 4V, 271 PS Hi-Performance (Aufpreis zum 260-CID 2V, inklusive Special Handling Package und 6,95x14 Zoll Nylonreifen mit doppelten roten Ringen) 442,60 $

Getriebe

- Cruise-O-Matic Sechszylinder 179,80 $
- Cruise-O-Matic 164/210 PS V8 189,60 $
- Viergang-Schaltgetriebe Sechszylinder 115,90 $
- Viergang-Schaltgetriebe V8 75,80 $

Performance-Ausstattung

- Scheibenbremsen vorne, Achtzylinder (ohne Bremskraftverstärker) 58,00 $
- Sperrdifferenzial 42,50 $
- Rally Pac (mit Zeituhr/Drehzahlmesser) 70,80 $
- Special Handling Package, 210 PS V8 31,30 $ (beinhaltet Federn mit höherer Federrate vorne und hinten, stärkere Front- und Heckstoßdämpfer, Lenkgetriebeübersetzung 22:1 und stärkeren Frontstabilisator)
- Felgen 14 Zoll Styled Steel 122,30 $

Kraftunterstützung

– Bremskraftverstärker 43,20 $
– Servolenkung 86,30 $
– Elektrisches Verdeck, Cabriolet 54,10 $

Sicherheitsausstattung

- Warnblinkanlage 19,60 $
- Gepolsterte Sonnenblenden 5,70 $
- Deluxe Sicherheitsgurte vorne (einziehbar) 7,55 $
- Visibility Group (beinhaltet von innen verstellbaren Außenspiegel, abblendbaren Rückspiegel, Scheibenwischer mit zwei Geschwindigkeiten und Scheibenwaschanlage) 36,00$

Styling/Komfortausstattung

- Accent Group (beinhaltet seitliche Zierstreifen, Zierleiste am Seitenschweller, kein seitliches Ornament hinten) 27,70 $
- Klimaanlage (Ford) 283,20 $
- Rückfahrscheinwerfer 10,70 $
- Hochleistungsbatterie 7,60 $
- Abgasregelungssystem (nur Kalifornien) 5,30 $
- Mittelkonsole, volle Länge 51,50 $
- Mittelkonsole (für Einbau mit Klimaanlage) 32,20 $
- Getönte Scheiben mit Farbkeil an Windschutzscheibe 30,90 $
- Windschutzscheibe getönt, mit Farbkeil 21,55 $
- Radio mit Drucktasten, Antenne 58,50 $
- Zierleiste Seitenschweller 16,40 $
- Vinyldach 75,80 $
- Radkappen mit Zentralverschlussattrappen 18,20 $
- Speichen-Radkappen, 14 Zoll 45,80 $
- Wegfall Heizung (Gutschrift) (32,20 $)
- Wegfall Sicherheitsgurte (Gutschrift) (11,00 $)

Optionale Reifengrößenpreise

Fünf 6,5x13 Rayon Reifen waren die Standardausstattung bei allen Sechszylindermodellen. Aufpreis für

- 6,5x13 Weißwand 33,90 $
- 6,95x14 7,40 $
- 6,95x14 Weißwand 41,30 $

Fünf 6,95x14 Zoll Reifen waren, außer beim Hi-Po, Standardausstattung bei allen Achtzylindermodellen. Aufpreis für

- 6,95x14 Weißwand 33,90 $
- 6,95x14 Nylon 15,80 $
- 6,95x14 mit doppeltem roten Ring, Nylon 49,60 $

Zubehör Händlernachrüstung

- Türkantenschutz 2,70 $
- Zierleiste Seitenschweller (Set) 19,10 $
- Radkappen Deluxe mit Zentralverschluss-Attrappen, 13 Zoll 28,95 $
- Radkappen Deluxe mit Zentralverschluss-Attrappen, 14 Zoll 28,95 $
- Speichen-Radkappen, 13 Zoll 58,35 $
- Speichen-Radkappen, 14 Zoll 58,35 $
- Gepäckträger 35,00 $
- Verdeckhülle (weiß) 52,70 $
- Verdeckhülle (schwarz) 52,70 $
- Suchscheinwerfer Fahrerseite 29,95 $
- Schminkspiegel 1,95 $
- Kennzeichenrahmen 4,50 $
- Feuerlöscher 33,70 $
- Kompass 7,95 $
- Mittelwellenradio 53,50 $
- Lautsprecher hinten 11,95 $
- Studio Sonic Sound System (Hall) 22,95 $
- Außenspiegel, rund, konisch 3,95 $
- Außenspiegel innenverstellbar 2,25 $
- Universal-Außenspiegel (flach) 12,95 $
- dazu passend Außenspiegel rechts 6,95 $
- Tag/Nacht-Rückspiegel 4,95 $
- Rückfahrscheinwerfer 10,40 $
- Bremskraftverstärker 47,00 $
- Handschuhfachschloss 2,49 $
- Kofferraumfernentriegelung 6,95 $
- Scheibenwaschanlage 14,50 $
- Rally-Pac (Sechszylinder) 75,95 $
- Rally-Pac (Achtzylinder) 75,95 $

Kapitel 4

1965

Oben: Den im Modelljahr 1965 neuen Mustang GT erkennt man an den Nebelscheinwerfern im Kühlergrill.

Allgemein wird angenommen, dass die Produktion der 1965er Modelle in Dearborn und San Jose am 1. August 1964 begann. Über die Jahre gab es aber immer wieder Spekulationen über das genaue Datum. Dem Buch *In Search of Mustangs* zufolge liefen die letzten 1964½er Modelle am letzten Julitag vom Band. Jim Smart und Jim Haskell, Experten für frühe Mustangs, kennen dagegen Berichte von 1964½er Fahrzeugen mit Produktionsdaten von Ende Juli und Anfang August 1964. Diese Autos besaßen Blechteile und andere Komponenten mit Kodierungen von Anfang bis Mitte August. Weitere Nachforschungen ergaben, dass Ford, obwohl die Produktion der 1964½er Modelle am 31. Juli hätte auslaufen sollen, mit der Fertigung hinterherhing und der wahre Beginn der 1965er Produktion erst später im August lag. Um die Sache zu vereinfachen, lässt sich eine Grundregel zur Identifikation anwenden: Hat der Mustang eine Drehstromlichtmaschine und lautet der Motorcode A, C, T oder K, ist es ein 1965er Modell.

Mit dem 1965er Modelljahr gab es einige Änderungen. Die bemerkenswertesten sind die Einführung der Fastback-Karosserievariante, des dynamischen GT-Pakets und der Wechsel von Gleichstrom- auf Drehstromlichtmaschinen.

Gegenüberliegenden Seite: Ein frühes 1965er Cabriolet mit A-Code in Poppy Red (Farbcode 3)

HOLLYWOOD
CALIFORNIA
HNG 537

Besser geht's nicht: Der spektakuläre K-Code-GT-Fastback von 1965 trägt Raven Black (Farbcode A).

Ausstattung 1965

Die Grundausstattung laut Verkaufsbroschüre von 1965:

Standardausstattung

- Luftfiltereinsatz: 58.000 km
- Gaspedal: hängend angeordnet
- Lichtmaschine: 38 A
- Aschenbecher: vorne
- Armlehnen: vorne
- Armlehnen, Aschenbecher: hinten (Cabriolet)
- Karosserie: korrosionsgeschützt
- Bremsen: selbstnachstellend
- Einzelsitze: schaumstoffgepolstert
- Teppiche: Nylon-/Kunstseidengemisch, ausgeformt
- Zigarettenanzünder
- Kleiderhaken
- Kühlflüssigkeit: 2 Jahre oder 58.000 km
- Innenbeleuchtung: Türschalter
- Gewölbtes Seitenglas
- Türarretierung: zweistufig
- Türscharniere: bronziert
- Türschloss: Sicherheitsverriegelung
- Türverkleidung: komplett Vinyl
- Motor: 200-CI-Sechszylinder
- Lack-Finish: Diamond Lustre Enamel
- Kotflügel vorne: verschraubt
- Kraftstofffilter: 58.000 km
- Kraftstofftank: ca. 60 l
- Scheiben: Sicherheitsglas
- Handschuhfachbeleuchtung
- Dachhimmel: Vinyl, weiß
- Dachhimmel: Vinyl, farblich abgestimmt (Fastback)
- Heizung und Entfroster: Frischluft
- Haubenverriegelung: einfach
- Hupen: zwei
- Armaturenbrett: gepolstert
- Isolierte Karosserie
- Wagenheber: Scherentyp, Karosserie seitlich
- Leuchtmittel: erhöhte Lebensdauer
- Schmierung Chassis: 58.000 km
- Wartung: halbjährlich
- Spiegel: Rückspiegel innen
- Zierleiste: Seitenschweller (Fastback)
- Auspufftopf: aluminisiert
- Ölfilter: 10.000 km
- Einstiegsleisten: Aluminium
- Sicherheitsgurte: vorne
- Rücksitz: umklappbar (Fastback)
- Lenkrad: geschüsselt, Sicherheitslenkrad
- Sonnenblende: zwei
- Sonnenblende: (Fastback) gepolstert, farblich abgestimmt
- Schalthebel: auf Mitteltunnel
- Getriebe: Dreigangschaltgetriebe
- Blinker
- Sitzpolster: komplett Vinyl
- Sitzpolster: Stoff und Vinyl (außer Cabriolet)
- Ventilstößel: hydraulisch
- Belüftung: Frischlufteinlässe (außer Fastback)
- Belüftung: Frischlufteinlässe plus Auslässe an den hinteren Dachsäulen (Fastback)
- Radkappen: Vollabdeckung
- Scheibenwischer: 15 Zoll, elektrisch

GARDEN GROVE
CALIFORNIA
NHE 470
SMITH MOTOR CO.

GARDEN GROVE
CALIFORNIA
NHE 470
SMITH MOTOR CO.

1965 war aber auch das Jahr der ersten Shelby-Mustangs, der Vorstellung des 200-CI-Sechszylindermotors (sowie des Endes der 170er und 260er) sowie zweier neuer Versionen des 289-V8. Aber hauptsächlich war es ein Jahr der Verbesserungen.

Die Mustangs wurden immer ausgefeilter. Zusätzlich zur erweiterten Modelllinie wurden die verfügbaren Ausstattungsmerkmale immer aufregender. Die Grundausstattung war erheblich verbessert worden und wirkte bereits wie die eines wesentlich teureren Fahrzeugs. Mit seinem niedrigen Grundpreis galt der Mustang als wahres Schnäppchen. 1965 betrugen die Kosten für ein Standard-Coupé 2320 $. Das glamouröse Cabriolet startete bei 2557 und die heißen neuen Fastbacks bei 2533 $.

Fords Werbemaßnahmen hielten die Kunden weiter bei Kauflaune. Heitere „zero-to-hero"-Anzeigen und -Fernsehspots versuchten die potentiellen Käufer davon zu überzeugen, dass sie hinter dem Steuer eines Mustangs eine komplette Persönlichkeitsveränderung durchmachten. Neben der Aussicht auf einen schöneren Lebensstil wurde aber auch immer die eindrucksvolle Liste an Grundausstattungsmerkmalen betont. Aus heutiger Sicht handelte es sich um typischen Sechzigerjahre-Humor, aber bei den meisten der damaligen Fernsehzuschauer und Leser kam die Kampagne gut an.

„Wolfgang gab immer Cembalo-Konzerte für ein paar enge Freunde. Dann kaufte er einen Mustang. Nun sieht das Leben für Wolfgang viel beschwingter aus, umgeben von Einzelsitzen, Vinyl-Innenausstattung, gepolstertem Armaturenbrett, Teppichboden, (alles Standard beim Mustang) … und der großen V8-Option, die einige der kraftvollsten Töne jenseits von Beethoven erklingen lässt. Was ist geschehen? Plötzlicher Ruhm! Glück! Die Bewunderung von Millionen. Der Mustang brachte den Wolf in Wolfgang hervor. Was kann er für Dich tun?"

Die frühen Kampagnen zielten auf Frauen und Männer gleichermaßen ab:

„Für Sarah bestand das Leben nur noch aus Babywindeln, bis sie ihren neuen Mustang bekam. Irgendwie schafften es sein sensationelles Aussehen und seine serienmäßigen Annehmlichkeiten (Einzelsitze, Bodenteppiche, Vinylpolsterung, seidenweiche Mittelschaltung), die täglichen Sorgen weit

Oben und gegenüberliegende Seite oben: In Tropical Turquoise (Farbcode O) präsentiert sich der 1965er Fastback mit 289er-Motor. Fotos: Tom Shaw

Rechts und folgende Doppelseite oben: Silver Smoke Gray (Farbcode K) und Speichenrad-Attrappen stehen dem 1965er Hardtop gut.

FLORIDA
HDS00M
BROWARD

RGZ 412

in den Hintergrund zu drängen. Plötzlich bekam ihr Ehemann glänzende Augen. (Wegen des Autos? Wegen Sarah? Wegen beiden?) Nun ist sich Sarah sicher, Mustanger haben mehr Spaß."

Aber nicht die gesamte Werbung befasste sich mit der Persönlichkeitsveränderung durch den Mustang. Als das Modell bereits seinen Ruf als Auto für freiheitsliebende, lebenslustige und leistungshungrige Menschen weg hatte, begann sich Fords Werbeagentur auf eine andere Zielgruppe einzuschießen. In einer Werbung mit dem Titel „The Sweetheart of the Supermarket Set" wurden junge Familienmütter anvisiert. Als Vorteile des Mustangs wurden „einfaches Einparken, Eleganz, Sparsamkeit und ausreichend Platz für Einkäufe" betont.

Nach Einführung des 2+2-Fastbacks im September 1964 und des GT-Pakets im Frühjahr 1965 konnte Ford mit einem ernsthaften High-Performance-Angebot aufwarten. Mit den neuen Modellen wurde auch der Ton in der Werbung schärfer. Der neue Slogan lautete: „Das beste Jahr für einen Ford. Testen Sie Total Performance '65". Die Anzeigen zeigten junge Paare, die die US-Highways und Landstraßen in Fastback-GTs hinunterbrausten. Solche Motive befeuerten die nationale Mustang-Obsession natürlich nur noch weiter. Obwohl Dearborn bereits 1320 Fahrzeuge pro Tag herstellte und San Jose weitere 480, überstieg die Nachfrage weiterhin die Produktion. Fords Werk in Metuchen, New Jersey, musste ebenfalls ran.

Im Januar 1965 schob Metuchen die Falcon-Produktion nach Ohio ab und stellte vollständig auf Comet- und Mustang-Fertigung um. Am 1. Februar 1965 rollten die ersten Mustangs vom Band.

Im Frühjahr 1965 hatte die Produktion in Dearborn, San Jose und Metuchen endlich die Nachfrage eingeholt. Zum ersten Mal seit einem Jahr konnten Mustangs ohne Wartezeit ausgeliefert werden, und die Verkaufszahlen stiegen weiter. Dank emsiger Werber und ebenso fleißiger Fließbandarbeiter gab es Ende 1965 noch 559.451 mehr Mustangs auf den Straßen. Der 20. August war der letzte Produktionstag für 1965er Modelle in San Jose, in Metuchen und Dearborn lief die Fertigung Ende Juli respektive Mitte August aus.

Karosserie und Außenausstattung

Abgesehen von ein paar kleineren Änderungen blieben Hardtop und Cabriolet 1965 ihren Vorgängermodellen gleich. Die große Neuigkeit war natürlich die Einführung der schnittigen neuen 2+2-Fastbacks. Sie gaben ihr Debüt am 9. September 1964.

’65er Fastbacks besitzen diese Lüftungsschlitze zur Frischluftzufuhr im Innenraum.

Die Zierblende simuliert eine Bremsenbelüftung. Sie wird mit ins 1965er Modelljahr übernommen.

Der optional erhältliche, von innen einstellbare Außenspiegel sieht gut aus und macht das Fahren sicherer. Wird ein Außenspiegel für die Beifahrerseite dazu bestellt, sieht der zwar genau so aus, lässt sich aber nicht von innen verstellen.

Es waren Zweisitzer mit ein wenig Platz für weitere zwei auf den umklappbaren Rücksitzen. In Kombination mit der K-Code-Motorisierung entstand so die Basis für Shelbys berühmten GT-350.

Auch wenn gemeinhin April 1965 als Einführungszeitpunkt für die GTs gilt, tauchen in Jim Smarts Buch „Mustang Production Guide: 1964½ – 1966" die ersten Modelle bereits im späten Februar auf. Als eine Kombination von Leistungs- und Optikmerkmalen war die GT-(Gran Tourismo)Ausstattung nur mit A-Code (289-4V) oder K-Code (289-4V Hi-Performance) erhältlich. Das äußere Erscheinungsbild der GTs war einzigartig: Der Kühlergrill (in Gunmetal Gray wie bei allen anderen Mustangs) besaß zwei runde Nebelscheinwerfer an horizontalen Zierleisten. Standard waren eine Edelstahlzierleiste an der Motorhaubenkante, spezielle GT-Embleme an den Kotflügeln und Seitenstreifen.

Die Zierblende vor dem hinteren Radlauf entfiel beim GT ebenso wie die hinteren Stoßstangenhörner. An ihrer Stelle wurden die zwei Auspuffendrohre durch das Heckblech geführt.

Die breiten Schweller-Zierleisten, die bei Hardtops und Cabriolets als Zusatzausstattung erhältlich waren, gehörten beim Fastback zur Grundausstattung.

Unabhängig von ihrer Karosserieform basierten Hardtop, Cabriolet und Fastback alle auf demselben Grunddesign und derselben Plattform. Ihre Außenabmessungen finden sich in einer Tabelle auf den folgenden Seiten.

In der Produktion wurde an jedem Fahrzeug ein Typenschild auf der Hinterkante der Fahrertür angebracht. Es enthält alle relevanten Informationen zum individuellen Mustang.

Typenschild-Entschlüsselung (Vehicle Warranty Number) für das Modelljahr 1965

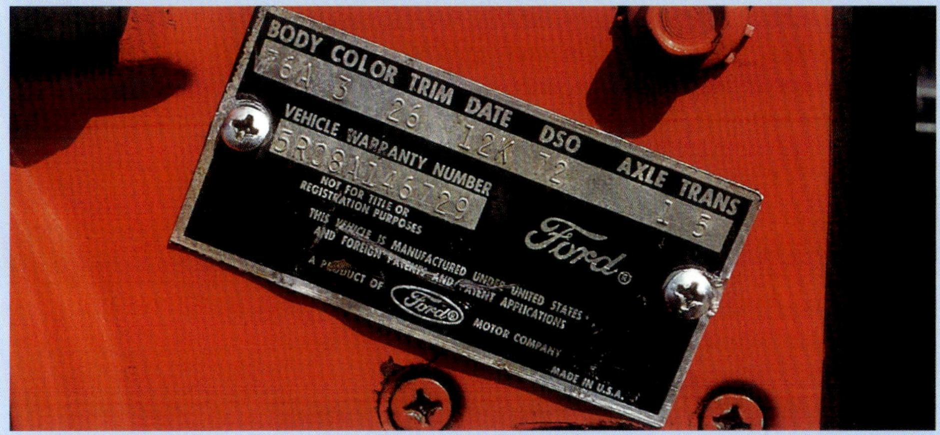

Produktionsstätte
F = Dearborn, Michigan
R = San Jose, Kalifornien
T = Metuchen, New Jersey (Produktionsbeginn 1. Februar 1965)

Karosserietyp
07 = Hardtop-Coupé
08 = Cabriolet
09 = Fastback

Motorcodes
A = 289-4V-Achtzylinder hohe Verdichtung/Superbenzin/hydraulische Ventilstößel
C = 289-2V-Achtzylinder niedrige Verdichtung/Normalbenzin/hydraulische Ventilstößel
K = 289-4V-Achtzylinder hohe Verdichtung/Superbenzin/mechanische Ventilstößel
T = 200-1V-Sechszylinderreihenmotor niedrige Verdichtung/Normalbenzin/hydraulische Ventilstößel

Fortlaufende Produktionsnummer
Die restlichen sechs Ziffern der VIN bilden die auf dem Fließband zugewiesene fortlaufende Produktionsnummer.

In der Zeile über der Fahrzeuggarantienummer:

Karosserie/Innenausstattung
63A Fastback/Standard Interior
65A Hardtop-Coupé/Standard Interior
76A Cabriolet/Standard Interior
63B Fastback/Interior Decor Group (Pony Interior)
65B Hardtop-Coupé/Interior Decor Group
76B Cabriolet/Interior Decor Group
65C Hardtop-Coupé/durchgehende vordere Sitzbank
76C Cabriolet/durchgehende vordere Sitzbank

Farbcodes Außenlack
A Raven Black
C Honey Gold
D Dynasty Green
F Arcadian Blue (1966er Farbe, auch bei späten 1965ern benutzt)
H Caspian Blue
I Champagne Beige
J Rangoon Red
K Silver Smoke Gray
M Wimbledon White
O Tropical Turquoise
P Prairie Bronze
R Ivy Green Metallic
S Cascade Green
V Sunlight Yellow
X Vintage Burgundy
Y Silver Blue
Y Skyline Blue
Z Chantilly Beige
3 Poppy Red
5 Twilight Turquoise
7 Phoenician Yellow
8 Springtime Yellow

Innenausstattung
Standardausstattung
22 Blue
25 Red
26 Black
27 Aqua
29 Palomino
D2 Parchment
D3 Parchment with Burgundy Appointments
D5 Parchment with Red Appointments
D6 Parchment with Black Appointments
D7 Parchment with Aqua Appointments
D8 Parchment with Ivy Gold Appointments
D9 Parchment with Palomino Appointments

Interior Decor Group (Pony Interior)
62 Blue/white
65 Red
66 Black
67 Aqua/White
68 Ivy Gold/White
69 Palomino
F2 Parchment with Blue Appointments
F3 Parchment with Burgundy Appointments
F4 Parchment with Emberglo Appointments
F5 Parchment with Red Appointments
F6 Parchment with Black Appointments
F7 Parchment with Aqua Appointments
F8 Parchment with Ivy Gold Appointments
F9 Parchment with Palomino Appointments

Durchgehende vordere Sitzbank
32 Blue
35 Red
36 Black
39 Palomino
C2 Parchment with Blue Appointments
C3 Parchment with Burgundy Appointments
C4 Parchment with Emberglo Appointments
C6 Parchment with Black Appointments
C7 Parchment with Aqua Appointments
C8 Parchment with Ivy Gold Appointments
C9 Parchment with Palomino Appointments

Produktionsdatum
H August 1964
J September 1964
K Oktober 1964
L November 1964
M Dezember 1964
A Januar 1965
B Februar 1965
Q März 1965
R April 1965
S Mai 1965
T Juni 1965
U Juli 1965
V August 1965
Die Ziffern 1–31 vor dem Buchstaben der Monatskennung stehen für das Tagesdatum.

Auslieferungsbezirk (DSO)
Die 1965er DSOs waren identisch mit denen von 1964½
11 Boston
12 Buffalo
13 New York
14 Pittsburgh
15 Newark
21 Atlanta
22 Charlotte
23 Philadelphia
24 Jacksonville
25 Richmond
26 Washington, D.C.
31 Cincinnati
32 Cleveland
33 Detroit
34 Indianapolis
35 Lansing
36 Louisville
41 Chicago
42 Fargo
43 Rockford
44 Twin Cities
45 Davenport
51 Denver
52 Des Moines
53 Kansas City
54 Omaha
55 St. Louis
61 Dallas
62 Houston
63 Memphis
64 New Orleans
65 Oklahoma City
71 Los Angeles
72 San Jose
73 Salt Lake City
74 Seattle
75 Phoenix
81 Ford of Canada
83 U.S. Government
84 Home Office Reserve
85 American Red Cross
89 Transportation Services
90–99 Export

Achsübersetzung

Ungesperrt	Gesperrt	Übersetzungsverhältnis
1	A	3,00:1
2	B	2,83:1
3	C	3,20:1
5	E	3,50:1
6	F	2,80:1
8	H	3,89:1
9	I	4,11:1

Getriebetyp
1 Dreigangschaltgetriebe
5 Viergangschaltgetriebe
6 C-4 Automatikgetriebe Cruise-O-Matic
F C-4 Automatikgetriebe Cruise-O-Matic (nur Kanada)

Karosserieabmessungen in mm

	Hardtop	Cabriolet	Fastback
Länge	4613	4613	4613
Breite	1732	1732	1732
Höhe	1298	1295	1300
Radstand	2743	2743	2743
Leergewicht in kg (Sechszylinder, Standardgetriebe)	1184	1256	1198

Innenausstattung

Obgleich ähnlich den 1964½er Innenausstattungen, gab es zum Start des Modelljahrs 1965 doch ein paar Änderungen. Viele dieser Details sind in Kapitel 2 aufgelistet, das die Unterschiede zwischen den ersten beiden Jahren behandelt. Die spektakulärste Neuerung stellte die Interior Decor Group dar, auch „Pony Interior“ genannt. Diese Ausstattungsvariante war ab Frühjahr 1965 verfügbar, etwa gleichzeitig mit dem GT-Paket. Mit der Interior Decor Group wurde auch ein neuer Instrumententräger mit fünf Rundinstrumenten und Holzdekor eingeführt. Zusätzlich zu den speziellen Sitzbezügen und Türblenden bot das Pony Interior Holzdekor-Elemente an Handschuhfachdeckel, Mittelkonsole, „Pistolengriff“-Türöffnern und Lenkrad. Mit der neuen Interieur-Option standen auch neue Farben und Kombinationsmöglichkeiten zur Auswahl. All diese Optionen sind in der Tabelle zur Typenschild-entschlüsselung aufgeführt.

Der Instrumententräger mit den fünf runden Anzeigen war auch Teil der GT-Ausstattung. Die Oberfläche der Blende war hier allerdings in schwarzer Kameragehäuse-Optik. Wer einen GT mit Pony Interior bestellte, bekam wiederum die komplette Holzdekor-Variante. Die Tachometer sowohl bei GT- als auch bei Pony-Ausstattung reichten bis 140 mph. In der Basisausstattung wurde am Instrumen-

Links: Ein sehr früher 1965er Sicherheitsgurt. Das Design stammt noch von den Mustangs des Modelljahres 1964½.

Unten: Die 1965er GT-Innenausstattung mit langer Mittelkonsole

Oben: Ab 1965 wird eine durchgehende Sitzbank angeboten. Klappt man den Mittelteil als Armlehne herunter, sieht das fast aus wie Einzelsitze.

Unten: Der Schalthebel (für Handschalter wie für Automatik) behält auch vor der Sitzbank seinen Platz.

tenträger mit dem horizontalen Layout hingegen nur das „GEN"-Licht zum „ALT"-Licht, sonst war er mit der 1964½er Ausführung identisch.

Kurz nach Beginn der 1965er Produktion wurden alle Fahrzeuge mit verstellbaren Beifahrersitzen ausgerüstet. Die durchgehende vordere Sitzbank wurde zu einer regulären Option bei Hardtops und Cabrios, von den rund 1,3 Millionen produzierten Mustangs der ersten Generation erhielten diese aber nur rund 2000 Fahrzeuge. Der Schalthebel verblieb auch bei dieser Option auf dem Mitteltunnel.

Die vorher nur in weiß erhältlichen Sonnenblenden und Dachhimmel waren nun der Innenraumfarbe angepasst.

Die neuen Fastback-Mustangs verfügten über alle Ausstattungsmerkmale der anderen Karosserievarianten sowie über eine spezielle umklappbare Rücksitzbank, mit der sich das Heckabteil in eine ebene Ladefläche verwandeln lässt. Von allen Mustangs der ersten Generation gab es beim 1965er die größte Auswahl an Innenraumfarben. Von mageren zwölf Varianten im Modelljahr 1964½ stieg die Zahl der Farben und Farbkombinationen auf satte 37!

Von den 1964½er Modellen wurde das manuelle Cabrioverdeck übernommen. Dank seiner Konstruktion mit Gegengewichten ist das relativ leichte

Links: Die Rücksitzbank des Fastbacks lässt sich in drei einfachen Schritten in ein geräumiges Gepäckabteil verwandeln. Unten: Der Kofferraum der Fastbacks ist von innen durch eine schmale blecherne Klappe zugänglich.

Oben: Frischluft lässt sich mittels Schieber an den hinteren Dachsäulen ins Fahrzeuginnere leiten.

Oben: Hier sieht man die Instrumentenblende mit fünf Anzeigen eines 1965er GT (Standard war noch immer die horizontale Version) und das Rally-Pac. Die Anzeigen des Drehzahlmessers reichen bis 8000/min bei K-Codes und bis 6000/min bei allen anderen Mustangs.

Der Schalter der Außenspiegel-Fernbetätigung findet sich im unteren Bereich der Fahrertür.

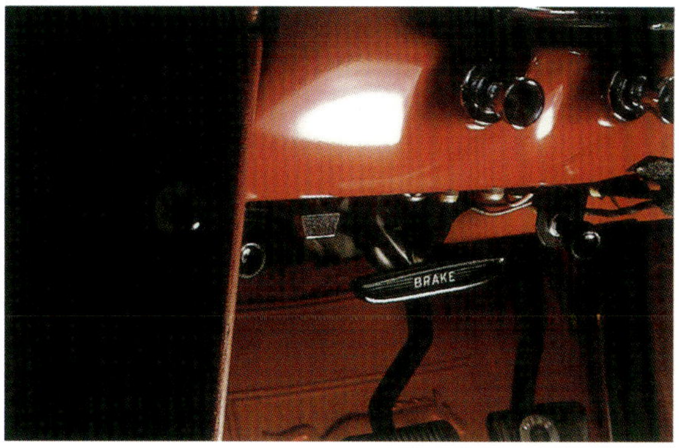

GT-Modelle besitzen einen kleinen „ON-OFF“-Schalter für die Nebelscheinwerfer.

Oben: Auch wenn sich die Fensterkurbeln und Türgriffe für 1965 leicht verändern (siehe detaillierte Beschreibung in Kapitel 2), bleiben die Türverkleidungen gleich.

Der Tag/Nacht-Spiegel ist bei allen Mustangs bis 1966 eine Händleroption.

Verdeck einfach zu handhaben. Ein elektrohydraulisch betriebenes Verdeck war als Zusatzausstattung erhältlich.

Chassis

Die selbsttragende Karosserie von Hardtops und Cabriolets wurde unverändert ins Modelljahr 1965 übernommen. Auch mit Einführung der Fastbackvariante im September 1964 blieb die Konstruktion unverändert. Wie bereits in Kapitel 3 beschrieben, erhielten die Cabriolets zur Erhöhung der Verwindungssteifigkeit zusätzlich Verstärkungsboxen und -platten. Unabhängig von der Motorgröße (Sechs- oder Achtzylinder) basieren alle Mustangs auf demselben Chassis. Bei den schwereren und stärkeren Achtzylindern war das Fahrwerk verstärkt.

Motoren

200-1V

Mit dem Start ins Modelljahr 1965 hatte sich der behäbige 170-CI-Sechzylinder gewandelt. Den Ford-Ingenieuren war es gelungen, ihn auf respektable 200 CI aufzubohren. Außerdem erhielt er nun statt vier sieben Hauptlager. Diese Maßnahmen führten zusammen mit weiteren tiefergreifenden Änderungen zu einer enormen Verbesserung des „kleinen“ Motors.

Am besten beschrieb Ford den neuen Motor selbst: „Überarbeitet für 1965, ist der 200-CI-Sechszylinder die Standardmotorisierung für Mustang, Fairlane sowie die viertürigen Falcon Futura und Squire Station Kombis. Optional ist er in allen anderen Falcons und im Falcon Station Bus und Club Wagon erhältlich. Die PS-Zahl stieg ohne Mehrverbrauch auf 120. Größere Ventile und Änderungen in der Ventilkühlung, kombiniert mit einer Nockenwellenoptimierung, erlaubten es den Ford-Ingenieuren, mehr Leistung aus dem bereits effizienten Motor zu ‚quetschen‘. Die Kompression des 200ers wurde von 8,7 auf 9,2:1 erhöht, und mit der neuen Ventilsteuerung ist er immer noch für Normalbenzin geeignet.

1965 sorgen sieben Hauptlager für ruhigeren Motorlauf, verlängerte Lebensdauer und noch größere Kundenzufriedenheit. Aufgrund der stärkeren Motorleistung und der größeren Lageroberflächen wurde eine neue größere Ölpumpe für verbesserte Schmierung verbaut. Wie Fords übrige Sechszylinder besitzt der 200er ab diesem Jahr einen automatischen Choke. Die Wirtschaftlichkeit wurde mit diesem dualen Choke weiter erhöht, da er für besseres Startverhalten bei halbwarmem Motor nicht nur die Temperatur des Abgaskrümmers, sondern auch die des Motorkühlwassers misst.“

Optisch glichen die 200er ihren 170er-Vorgängern von 1964½: Motorblock, Zylinderkopf und Ansaugbrücke waren schwarz und wurden von einem roten Luftfilter sowie rotem Ventildeckel gekrönt. 1965 war außerdem das Jahr der Einführung der Drehstromlichtmaschinen bei allen Ford-Motoren. Die Übersicht aller Motorfarben für 1965 finden Sie in Kapitel 1.

Abgasanlage

Im Grunde identisch mit dem System des 170ers von 1964½, besaß der 200er einen quer eingebauten Schalldämpfer direkt hinter der Hinterachse. Dieser war 64 cm lang und bot einen wenig restriktiven Luftdurchfluss und gute Abstimmbarkeit.

289-2V

Eine der größten Änderungen für die 289er im Jahre 1965 war die Verschraubung der Getriebeglocke. Die gesamte Einheit wurde vergrößert, um bei besonderen 289er-Motorvarianten Platz für eine 11-Zoll-Kupplung zu schaffen. Unabhängig von der tatsächlich verbauten Kupplungsgröße war die Getriebeglocke nun mit sechs statt fünf Schrauben befestigt – daher rühren die Bezeichnungen „five-bolt“ für 289er vor 1965 und „six-bolt“ für die jüngeren.

Mit dem Wechsel auf Drehstromlichtmaschinen gingen weitere Änderungen im Motorraum einher. Die Lichtmaschine wurde nun an einen leichten Halter mit einer 7/16-Zoll-Schraube montiert, und die Montagelöcher am Zylinderkopf änderten sich. Auch der Ölmessstab wurde neu positioniert; er wanderte näher an den Zylinderkopf und wurde um fünf Zoll (rund 13 cm) gekürzt. Es gab noch weitere Änderungen in Verbindung mit dem elektrischen Ladesystem, die wir hier aber nicht alle auflisten können. Viele dieser Details sind in Bob Mannels exzellentem Leitfaden „Mustang & Fords Small Block V-8, Vols. 1 & 2“, erschienen bei RPM Press, aufgeführt.

Mit der Einstellung der 260er Motoren rückte der 289-2V zur Standard-V8-Motorisierung der 65er Mustangs auf. Mit glatten 200 PS und seiner Hubraumgröße war es im Grunde derselbe Motor, den man 1964 bereits in die Full-Size-Modelle Galaxie und LTD eingebaut hatte. Natürlich war Ford glücklich, ihn auch als Basis-V8 im wesentlich leichteren Mustang anbieten zu können.

Vom „Challenger-V8“ schwärmte Fords Anzeigentext: „Als weitaus populärster Ford-Motor verbindet der 289-2V Leistung, Wirtschaftlichkeit und niedrigen Wartungsaufwand in einem der besten Motoren, den Ford-Ingenieure je konstruiert haben. Leicht, kraftvoll und leise, stellt er den idealen Antrieb für alle Fahrzeuge dar, vom kleinsten bis zum größten Ford-Modell. Hydraulische Ventilstößel, sockelmontierte Kipphebel und große Ventile sorgen für ruhigen, effizienten Motorlauf und geringen Wartungsbedarf. Der Zweifachvergaser arbeitet sparsam und garantiert die wirkungsvolle Kraftstoffverteilung für gleichmäßigen Betrieb. Der Zündverteiler wurde für volle Zündfunkenkontrolle über einen weiten Bereich von Drehzahlen und Ladezuständen kalibriert. Die Autolite-Zündkerzen mit ‚Power-Tip‘ sind selbstreinigend und bieten effiziente Leistung über ihre gesamte Lebensdauer.“

Die Kolben des 289-2V erhielten Mitte des Modelljahrs 1965 eine kleine Änderung. Neue Bauteile mit Ventiltaschen ersetzten die Vorgängermodelle ohne Ventiltaschen. Die Böden der neuen Kolben waren weniger stark „geschüsselt“, um das Volumen der Ventiltaschen auszugleichen. Das Verdichtungsverhältnis blieb unverändert.

Abgasanlage

Das Auspuffsystem des 289-2V ist fast identisch mit dem des 289-4V der 1964½er Mustangs. Zwei Hosenrohre treffen sich in V-Form in Höhe des

Basismotor T-Code

Motorentyp:	Reihensechszylinder, hängende Ventile
Hubraum:	200 CI (3,3 l)
Fertigungsgruppe:	Falcon „Six“
Bohrung x Hub:	93,5 x 79,5 mm
Verdichtungsverhältnis:	9,2:1
PS bei 4400/min:	120
Drehmoment bei 2400 /min:	257 Nm
Ventilstößel:	hydraulisch
Vergaser:	Autolite 1100, 1V
Treibstoffart:	Normalbenzin
Abmessungen:	84 x 58 x 71 cm (L x B x H)
Gewicht:	163 kg

Optionaler Motor C-Code

Motorentyp:	Achtzylinder in 90°-V-Anordnung, hängende Ventile
Hubraum:	289 CI (4,7 l)
Fertigungsgruppe:	Fairlane V8
Bohrung x Hub:	101,6 x 72,9 mm
Verdichtungsverhältnis:	9,3:1
PS bei 4400/min:	200
Drehmoment bei 2200/min:	381 Nm
Ventilstößel:	hydraulisch
Vergaser:	Autolite 2100, 2V
Treibstoffart:	Normalbenzin
Abmessungen:	71 x 64 x 74 cm (L x B x H)
Gewicht:	209 kg

Der 289-C-Code trägt die für 1965 typische Farbkombination: schwarzer Motorblock mit Ventildeckeln und Luftfilter in Gold. Das Foto rechts zeigt ein Fahrzeug mit optionaler Klimaanlage.

Vom Aussehen her gleichen A- und C-Code einander. Dieser A-Code leistet jedoch 25 PS mehr und hat ein Verdichtungsverhältnis von 10,0:1. Die Verkabelung für die elektronische Zündung ist nicht original.

Getriebeausgangs. Von dort aus führt ein Einzelrohr nach hinten, läuft über die Hinterachse und mündet in den quer eingebauten Auspufftopf, der zwischen Hinterachse und Kraftstofftank sitzt.

289-4V

Die 1965er Version des 289-4V erhielt eine höhere Verdichtung als sein Vorgänger. Das neue Verhältnis von 10,0:1 (vorher 9,4:1) entstand durch den Einsatz von Flachkolben, ähnlich denen der K-Codes. Das erhöhte Verdichtungsverhältnis machte aber auch die Verwendung von Superbenzin nötig, sodass Ford vom „Premium-Fueled 289-4V“ sprach.

Die Verkaufsbroschüre sprach all jene an, denen die leicht erhöhten Benzinkosten nichts ausmachten: „Jenen, die mehr Leistung im Mustang benötigen, liefert dieser Motor kraftvolle 225 Pferdestärken. Speziell auf die Extra-Power im Super-Benzin abgestimmt, erfuhr dieser Motor diverse Verbesserungen gegenüber dem Standard-289. Veränderte Ventilsteuerzeiten und höhere Verdichtung, Kolbendesign wie beim Hi-Performance-289-V8 sowie eine spezielle Zündanlage erlauben dem Motor, die Vorteile des Superbenzins optimal in Leistung umzusetzen.

Der neu abgestimmte Vierfachvergaser und der offene Luftfilter ermöglichen maximale Effizienz und ökonomischstes Benzin-Luftgemisch. Die wechselnde Anordnung von Ein- und Auslassventilen gewährleistet höheren volumetrischen Wirkungsgrad und eliminiert ‚Hot-Spots‘ in den Zylinderköpfen.“

Zur Mitte des Modelljahrs 1965 erhielt der 289-4V neue Kolben mit Ventiltaschen. Diese Vertiefungen vergrößerten den Brennraum und setzten das Verdichtungsverhältnis leicht auf 9,8:1 herab.

Der Übergang zu Drehstromlichtmaschinen nebst Änderung der Halterung und die Versetzung des Ölmessstabs betrafen auch den 289-4V.

Abgasanlage

Das Standardauspuffsystem des 289-4V war identisch mit dem des 289-2V. Bei frühen 1965er Fahrzeugen (ab Mitte August 1954) war die optionale Doppelrohrauspuffanlage identisch mit der der 1964½er K-Codes. Seit 15. Oktober 1965 wurde

Optionaler Motor A-Code

Motorentyp:	Achtzylinder in 90°-V-Anordnung, hängende Ventile
Hubraum:	289 CI (4,7 l)
Fertigungsgruppe:	Fairlane V8
Bohrung x Hub:	101,6 x 72,9 mm
Verdichtungsverhältnis:	10,0:1
PS bei 4800/min:	225
Drehmoment bei 3200/min:	412 Nm
Ventilstößel:	hydraulisch
Vergaser:	Autolite 4100, 4V
Treibstoffart:	Superbenzin
Abmessungen:	71 x 64 x 74 cm (L x B x H)
Gewicht:	211 kg

Optionaler Motor K-Code

Motorentyp:	Achtzylinder in 90°-V-Anordnung, hängende Ventile
Hubraum:	289 CI (4,7 l)
Fertigungsgruppe:	Fairlane V8
Bohrung x Hub:	101,6 x 72,9 mm
Verdichtungsverhältnis:	10,5:1
PS bei 6000/min:	271
Drehmoment bei 3400/min:	421 Nm
Ventilstößel:	mechanisch/einstellbar
Vergaser:	Autolite 4100, 4V
Treibstoffart:	Superbenzin
Abmessungen:	71 x 64 x 74 cm (L x B x H)
Gewicht:	211 kg

auf ein strömungsoptimiertes System umgestellt. Von den speziellen Abgaskrümmern verlief es über zwei Rohre in zwei separate Auspufftöpfe, die vor der Hinterachse platziert waren. Von dort führten Rohre über die Hinterachse und mündeten in zwei kleine Schalldämpfer. Die Auspuffrohre endeten unter der Heckschürze. Bei A-Codes mit GT-Option (ab Ende Februar 1965) führten die beiden Endrohre durch die Heckschürze hindurch.

289-4V „Hi-Po"

Wie alle 289er bekam auch die Hi-Performance-Version die Getriebeglocke mit sechs Schrauben. Abgesehen davon und dem Wechsel auf Drehstromlichtmaschinen (einhergehend mit den Änderungen an der Halterung und der Neupositionierung des Ölmessstabs) blieb der K-Code-Motor unverändert. Maßgeblich geändert wurde die Auspuffanlage.

Abgasanlage

Die 289er-Hi-Po-Auspuffanlage hatte nun ein „Free-Flow-Setup". Spezielle Abgaskrümmer mündeten in Hosenrohre, die in Höhe des Getriebeausgangs H-förmig verbunden waren. Von dort aus liefen zwei einzelne Rohre bis zu den Auspufftöpfen vor der Hinterachse. Deren Ausgangsrohre führten über die Hinterachse und in zwei kleinere Schalldämpfer hinein. Die Auspuffrohre endeten unter der Heckschürze. Bei A-Codes mit GT-Option (ab Ende Februar 1965) führten die beiden Endrohre durch die Heckschürze hindurch.

Der wunderbare 289-4V „Hi-Po" Small Block. Wie alle anderen Motoren erhält auch der K-Code im Modelljahr 1965 einen schwarzen Block. Verchromte Ventildeckel und Luftfilter unterstreichen den Hi-Performance-Look.

Getriebe

Im Modelljahr 1965 wurden alle Getriebevarianten aus dem Vorjahr übernommen. Es gab lediglich Änderungen bei den Übersetzungsverhältnissen. Wie zuvor erhielten die Sechszylinder-Mustangs das im ersten Gang unsynchronisierte Dreigangschaltgetriebe als Standardausstattung. Mit Ausnahme der K-Codes wurden alle V8-Mustangs serienmäßig mit einem vollsynchronisierten Dreigangschaltgetriebe ausgeliefert.

Kupplungen

Auch Design und Konfigurationen der Kupplungen blieben im Modelljahr 1965 unverändert. Die Sechszylinder erhielten eine Trockenscheibenkupplung, die Achtzylinder eine andere Bauart, bei der Fliehkraftgewichte an Hebeln mit Rückstellfedern für Kraftschluss auch bei höheren Drehzahlen sorgten.

Bei allen Mustangs mit Schaltgetriebe waren Einscheiben-Trockenkupplungen verbaut.

Oben: Der Autolite-4100-Vierfachvergaser hat einen automatischen Choke und einen Luftdurchlass von 480 Kubikfuß pro Minute.

Links: Um den höheren Drehzahlen standzuhalten, erhalten K-Codes verstärkte Motorhalterungen.

Rechte Seite: Vergleichsfotos vom Ventiltrieb von K-Code (oben) und A-Code (unten) offenbaren die Unterschiede. Die Hi-Po-Köpfe oben sind definitiv massiver als die herkömmlichen 289er Köpfe. Sie besitzen zudem tiefere, eingegossene Ventilfedersitze. Beachten Sie die einstellbaren Kipphebelbolzen. Diese Einstellmuttern gibt es beim A-Code nicht. Die Kipphebelbolzen beim K-Code wurden eingeschraubt statt eingepresst, was verhindern sollte, dass sie sich bei hohen Motordrehzahlen lösten. Hi-Po-Ventilfedern hatten eine höhere Federrate von 350 Pounds pro Zoll, während die 289er-Standardfedern lediglich 250 Pounds pro Zoll aufwiesen. Außerdem wurden in die größeren Federn der K-Codes zusätzlich kleinere Dämpfungsfedern eingebaut. Sie halfen, die Ventile bei hohen Drehzahlen schneller zu schließen.

Linke Seite: 1965er K-Codes aus San Jose haben keinen Unterbodenschutz. Beachten Sie das überarbeitete Auspuffsystem.

Hinterachsen

Sechszylindermodelle

Identisch mit dem 1964½er-System, erhielten die Sechszylindermodelle eine Hinterachse mit einem Differenzialträger aus Guss. Das von der Mittelachse versetzte Antriebsritzel lief auf zwei vor dem Kegelrad liegenden Kegelrollenlagern. Die Achswellen aus induktionsgehärteten Stahlschmiedeteilen mit kaltgewalzten Verzahnungen mündeten ins Differenzial auf der einen und in die Radnabe auf der anderen Seite.

Achtzylindermodelle

Wie die frühen Mustangs besaßen die Achtzylinder eine Hinterachse mit Banjo-Achsgehäuse und dreifach gelagertem Antriebskegelrad. Das Design mit zwei Kegelrollenlagern vor und einem Zapfenlager hinter dem Kegelrad ergab die perfekte Ausrichtung von Kegelrad zu Tellerrad. Die Achswellen bestanden wiederum aus induktionsgehärteten Stahlschmiedeteilen mit kaltgewalzten Verzahnungen.

Übersetzungsverhältnisse Viergang-Schaltgetriebe (289-2V, 4V und 289-4V Hi-Po)

	289-2V, 4V	289-4V Hi-Po
1. Gang:	2,78:1	2,32:1
2. Gang:	1,93:1	1,69:1
3. Gang:	1,36:1	1,29:1
4. Gang:	1.00:1	1,00:1
Rückwärtsgang:	2,78:1	2,32:1

Rechts: Nur beim K-Code ist die VIN in das Getriebe eingestanzt. Dies geschieht, um bei der hohen Diebstahlrate die Möglichkeit eines Zahlenabgleichs zu haben, und aufgrund der verbreiteten Tendenz zum Klonen dieser Modelle.

Übersetzungsverhältnisse Sechszylinder, Dreigang-Schaltgetriebe

1. Gang:	2,76:1
2. Gang:	1,69:1
3. Gang:	1,00:1
Rückwärtsgang:	3,74:1

Übersetzungsverhältnisse Achtzylinder, vollsynchronisiertes Dreigang-Schaltgetriebe

1. Gang:	2,79:1
2. Gang:	1,70:1
3. Gang:	1,00:1
Rückwärtsgang:	2,87:1

Übersetzungsverhältnisse Viergang-Schaltgetriebe (Sechszylinder)

1. Gang:	3,16:1
2. Gang:	2,21:1
3. Gang:	1,41:1
4. Gang:	1.00:1
Rückwärtsgang:	3,34:1

Übersetzungsverhältnisse Cruise-O-Matic (alle Motorisierungen außer 289-4V Hi-Po)

1. Gang:	2,46:1
2. Gang:	1,46:1
3. Gang:	1,00:1
Rückwärtsgang:	2,20:1
Übersetzungsverhältnis Drehmomentwandler:	2,40:1 (Sechszylinder)
	2,05:1 (Achtzylinder)

Kardanwelle und Kreuzgelenke

Alle Modelle besaßen offenliegende Kardanwellen mit Kreuzgelenken an den Enden. Zugunsten maximaler Festigkeit und geringen Gewichts waren die Kardanwellen aus nahtlosem Stahlrohr hergestellt. An die Enden wurden geschmiedete Gabeln geschweißt, und abschließend wurde das Ganze feingewuchtet. Die Kreuzgelenke hatten gekapselte vorgeschmierte Nadellager, die etwa alle 50.000 km abgeschmiert werden mussten.

FAHRWERK, LENKUNG, BREMSEN

Das Fahrwerk der 1965er Mustangs war mit dem des Vorjahres identisch. Das „heavy-duty"-Fahrwerk bekamen serienmäßig alle Modelle mit Hi-Po sowie mit GT-Paket. Für alle anderen Mustangs mit V8 gab es das Fahrwerkspaket optional.

Lenkung

Auch die Lenkung (mit und ohne Servounterstützung) der 1965er Mustangs wurde unverändert aus dem Vorjahr übernommen. Es war bei allen Mustangs die gleiche. Das Lenkgetriebe war ein Kugelumlaufsystem, „Magic Circle" genannt. Die Reibstellen des Lenkgestänges waren dauergeschmiert, das Lenkgetriebe mit lebenslang haltbarem Schmierstoff gefüllt.

Die optional erhältliche Servolenkung benötigte vier pound (18 N) Druck, um voll wirksam zu werden. Eaton-Servopumpe und -Reservoir fanden sich vorne im Motorraum auf der Fahrerseite. Aufgrund der anhaltend hohen Nachfrage wurden weiter verschiedene Versionen von FoMoCo und Eaton verbaut.

Das Handling-Paket sowie die Servolenkungsoption boten beide das direktere Übersetzungsverhältnis von 22:1.

Bremsen

Die Bremsen von Sechs- und Achtzylinder-Mustangs blieben unverändert. Die selbstverstärkenden Simplex-Trommelbremsen sind selbstnachstellend, der Mechanismus wird beim Bremsen in Rückwärtsfahrt aktiviert. Die Handbremse wird mit einem Hebel links unter dem Armaturenbrett über einen Seilzug betätigt.

Optional konnten im Modelljahr 1965 bei allen V8-Modellen vordere Scheibenbremsen bestellt werden. Es handelte sich um eine Doppelkolben-

Lenkung

Lenkgestänge:	Trapezform mit Spurstangen und Lenkhebeln
Lenkgetriebe:	„Magic-Circle"-Kugelumlauflenkung
Übersetzungsverhältnis:	
ohne Servounterstützung	27:1
mit Servounterstützung	22:1
Lenkradumdrehungen: (von Anschlag zu Anschlag)	
ohne Servounterstützung	4,5
mit Servounterstützung	3,7
Wendekreis:	11,9 m
Kennungen am Lenkgetriebe	
ohne Servo (Standard):	HCC-AT
ohne Servo (Performance):	HCC-AX
Servolenkung:	HCC-AW

Produktionsmarken Hinterachse

Alle Mustangs bekamen in der Produktion Blechmarken ans Differenzialgehäuse. Im ersten Kapitel haben wir gezeigt, wie man diese Codes entschlüsselt. Die untenstehende Tabelle führt die verschiedenen Differenzialtypen und ihre Verwendung auf.

Kennung	Durchmesser in Zoll	Übersetzungsverhältnis	Typ	Verwendung
WCY-E	7,25	3,20	konventionell	
WCY-F	7,25	3,50	konventionell	Nur mit Schaltgetriebe
WCY-L	7,25	3,20	Equa Lock	
WCY-N	7,25	2,83	konventionell	Nur mit Schaltgetriebe
WCY-R	7,25	2,83	konventionell	Nur mit Automatikgetriebe
WCY-AA	7,25	2,83	Equa Lock	
WCY-AJ	7,25	3,20	konventionell	
WCZ-E	8,00	2,80	konventionell	Mit 289-2V
WCZ-F	8,00	3,00	konventionell	Mit 289-4V und Dreigangschaltgetriebe oder Automatikgetriebe
WCZ-G	8,00	3,50	konventionell	Mit 289-4V und Viergangschaltgetriebe
WCZ-H	8,75	3,89	konventionell	Mit 289 K und Viergangschaltgetriebe
WCZ-J	8,75	4,11	konventionell	Mit 289 K und Viergangschaltgetriebe
WCZ-P	8,75	3,50	konventionell	Nur High-Performance-Verwendung
WDJ-B	7,75	2,80	Equa Lock	
WDJ-C	8,00	3,00	Equa Lock	289-4V mit allen Getriebetypen
WDJ-E	8,00	3,50	Equa Lock	289 K und Viergangschaltgetriebe

Eine Blechmarke zur Identifizierung der Hinterachse ist bei allen Mustangs am Differenzialgehäuse befestigt. Ihre Entschlüsselung wird in Kapitel 1 erklärt.

Oben links und rechts: Das „Heavy-Duty"-Fahrwerk ist originalgetreu restauriert, die silberne Farbe auf dem oberen Querlenker ahmt blankes Metall nach. Beachten Sie die roten Farbkleckse auf der strafferen Schraubenfeder. Unten links: Auch am unteren Querlenker kommt die silberne Farbe zum Einsatz. Alle Mustang-Fahrwerke sind ähnlich konstruiert, die der Achtzylinder etwas kräftiger. Unten rechts: Zur einfacheren Identifikation modellspezifischer Teile ist ein Farbtupfer auf die Verbindung von Spurstange und Achsschenkel aufgetragen.

Bremsen

	Sechszylinder	Achtzylinder
Durchmesser Bremstrommel	9 Zoll	10 Zoll
Material Bremsbeläge	asbesthaltiges Harz	
Befestigung Bremsbeläge	vernietet	
Gesamtfläche Bremsbeläge	845 cm^2	994 cm^2

bremse mit innenbelüfteten Grauguss-Scheiben. An der Hinterachse waren aber stets nur Trommelbremsen erhältlich.

Bremskraftverstärker ließen sich ebenfalls ordern, jedoch nicht in Verbindung mit Scheibenbremsen. Der unterdruckbetriebene Bremskraftverstärker kam von Bendix.

ELEKTRIK, KÜHLUNG, HEIZUNG

Auch wenn das genaue Datum unbekannt ist, wurde irgendwann zu Beginn des Modelljahrs 1965 auf Drehstromlichtmaschinen umgestellt. Das 12V-System war bei Basismodellen mit einem 38-Ampère-Generator und einem vereinfachten Regler ausgestattet. A- und K-Codes sowie Fahrzeuge mit Klimaanlage erhielten 42-Ampère-Einheiten. Die neuen Lichtmaschinen hatten gekapselte Lager und integrierte Abschirmbleche, die vor Dreck und Feuchtigkeit schützen sollten. Ford begründete die Umstellung so: „Die Drehstromlichtmaschine kann die Batterie, speziell bei niedrigen Motordrehzahlen wie im Stop-and-Go-Verkehr besser laden. Außerdem ist der Ladestrom höher als beim Gleichstromsystem, was die Möglichkeit eines Batterieversagens bei Nutzung von Klimaanlage oder

Oben: Die optionalen Scheibenbremsen mit Vierkolben-bremssattel und 11-Zoll-Bremsscheibe gab es nicht mit Bremskraftverstärker.
Mitte: An dieser Stelle ist der Bremskraftregler der Scheiben-bremse montiert.

anderen Verbrauchern mit hohem Strombedarf reduziert.“

Auch die Standardbatterien änderten sich mit Einführung der Drehstromlichtmaschinen. Frühe 1965er Ford-Verkaufsliteratur: „ … die neuen Batterien verfügen im Inneren über verstärkte und korrosionsgeschützte Verbindungen. … eine höhere Elektrolytkapazität für selteneres Nachfüllen von Wasser und größere Plattenfläche für bessere Kaltstarts.“ Eine „Heavy-Duty“-Batterie konnte ab Werk oder beim Händler eingebaut werden.

Die beiden Kühlervarianten wurden aus dem Vorjahr übernommen. Sechszylindermotoren bekamen einen Wasserkühler mit 8 Litern Kapazität, die Achtzylinder einen mit 13,3 Litern. Beide Systeme arbeiteten mit Überdruck und waren thermostatgesteuert. Der Thermostat fand sich bei beiden Motorenbaureihen an den oberen Wasserauslasskanälen des Motors.

Fahrzeuge ohne Klimaanlage hatten Kühlerventilatoren mit vier Blättern, die mit 5-blättrige an gestanzten Riemenscheiben. Die optionalen Klimaanlagen von Ford waren mittig unter dem Armaturenbrett angebracht. Bei Anlagen des Modelljahrs 1965 war die Front mattsilberfarben und hatte vier runde Luftauslässe. Es gab drei Geschwindigkeiten: „High“ (6,5–7,5 A), „Medium“ (4,5–5,5 A) und „Low“ (3–4 A). Die Klimakompressoren saßen vorne auf der Fahrerseite des Motorraums und wurden mit Keilriemen angetrieben. Der Klimaanlagenstromkreis war mit einer 3AG-15-Ampère-Sicherung abgesichert.

Die Heizungen der frühen Mustangs befanden sich auf der Beifahrerseite unter dem Armaturenbrett. Sie wurden vom Motor mit erhitztem Wasser gespeist. Der überarbeitete Gebläsemotor konnte nun auf drei Stufen betrieben werden: In der Stufe „High“ zog er 6–8 Ampère, „Medium“ 4–6 und in der Stufe „Low“ 2–4. Die Heizungs-/Gebläseeinheit war mit einem Schutzschalter mit einer SFE 14-Ampère-Sicherung abgesichert.

Rechts: Eine 38-Ampère-Autolite-Drehstromlichtmaschine ersetzt die alten FoMoCo-Generatoren. Mustangs mit K- oder A-Code-Motoren sowie solche mit Klimaanlage erhalten 42-Ampère-Lichtmaschinen.

Links von oben: Dieser 1965er K-Code besitzt einen Zündverteiler samt dazu passenden Zündkabeln mit den korrekten Datumsbeschriftungen. Im Bild darunter ist die Kabelführung zu den GT-Nebelscheinwerfern zu sehen. Korrekterweise verläuft sie durch kleine Bohrungen im Kühlerhalteblech. Alle Kühler tragen Aufkleber mit Warnhinweisen. Bei dieser Kühlerverschlusskappe handelt es sich um eine Reproduktion.

Unten: Die Klimaanlage ist mittig unter dem Armaturenbrett montiert. Wie ihre Vorgänger hat sie 1965 eine mattsilberne Frontblende.

FELGEN UND REIFEN

Wie im Jahr des Verkaufsstarts wurden auch 1965 alle Mustangs unabhängig von ihrer Motorisierung mit 13-Zoll-Felgen ausgeliefert. Die K-Code-Modelle stellten mit ihren 14-Zoll-Felgen eine Ausnahme dar. Die Sechszylindermodelle besaßen vier Radbolzen, bei den V8-Modellen waren es fünf. Bei beiden betrug die Felgenbreite 4,5 Zoll. Optional gab es sowohl bei Sechs- als auch bei Achtzylindern 14-Zoll-Felgen. Das „Special-Handling-Package“ mit 14-Zöllern und härterem Fahrwerk gab es als Option für sämtliche Achtzylinderversionen und es war natürlich Standard bei den K-Codes. Ab September 1964 entfiel die 15-Zoll-Felgen-Option.

Alle 1965er Mustangs kamen serienmäßig mit 6,5x13-Zoll-Reifen aus vierlagigem Rayon. Hochwertige Nylonreifen und Versionen mit Weißwand waren optional sowohl in 13 als auch in 14 Zoll erhältlich. Im September 1964 wurden die 15-Zoll-Reifen durch die neuen 14-Zoll-Nylonreifen mit dem doppelten roten Seitenstreifen ersetzt. Diese waren bei allen K-Codes Standard und für alle anderen Achtzylindermodelle als Sonderausstattung zu haben.

Wie bereits im Vorjahr wurden Achtzylindermodelle mit Klimaanlage mit Reifen der Größe 6,95x13 Zoll ausgestattet.

Ab Herbst 1964 hatten alle Reifen einen kleineren Querschnitt. Reifen vom Format 6,50x14 Zoll wurden durch solche mit 6,95x14 Zoll ersetzt. Alle 13- oder 14-Zoll-Reifen gab es auch in Weißwandausführung.

Oben: Die extra erhältlichen Radkappen in 13 oder 14 Zoll tragen Zentralverschluss-Attrappen. Unten links: Die Standard-Radkappe für alle Mustangs gibt es für 13- und 14-Zoll-Felgen. Unten: Außerdem lassen sich Deluxe-Radkappen in 13 oder 14 Zoll ordern.

Felgen

	Sechszylinder	Achtzylinder
Typ:	gelochtes Stahlscheibenrad mit Sicherheitshump	
Anzahl Radbolzen:	4	5
Raddurchmesser und Felgenbreite:		
Standard	13x4,5 Zoll	13x4,5 Zoll
Option	14x4,5 Zoll	14x5,0 Zoll

Reifen (Maße in Zoll)

	6,5x13	6,96x13	6,95x14	5,6/5,9x15
Sechszylinder	Standard	–	Option	–
Achtzylinder	–	Standard	Option	Option
Achtzylinder *	–	–	Standard	Option

* mit Handling-Paket

Links: Im Herbst 1964 werden neue 14-Zoll-Speichen-Radkappen als Option eingeführt. Rechts: Die Styled-Steel-Felgen gibt es nur in 14 Zoll und für fünf Radbolzen. Diese Räder werden im Frühsommer 1964 ins Programm aufgenommen.

Optionen

Aus dem 65er Verkäuferhandbuch: Neu sind GT-Performance-Ausstattung und Deluxe-Innenausstattung sowie die Wahl zwischen drei V8-Motoren auf Basis des 289. Viele Preise sind dank der immensen Nachfrage gesunken.

Basispreis

- 2-türiges Hardtop 2320,96 $
- Cabriolet 2557,64 $
- 2+2 Fastback 2533,19 $

Motoren

- Achtzylinder 289-CID 2V 200 PS (Aufpreis zum 200-CID 1V 120-PS-Sechszylinder) 105,63 $
- Achtzylinder 289-CID 4V 225 PS (Aufpreis zum 289-CID 2V) 52,85 $
- Achtzylinder 289-CID 4V 271 PS Hi-Performance (Aufpreis zum 289-CID 2V, inklusive Special Handling Package und 6,95x14 Zoll Nylonreifen mit doppelten roten Seitenstreifen/ohne GT-Ausstattung) 327,92 $
- Mit GT-Ausstattung 276,34 $

Getriebe

- Cruise-O-Matic Sechszylinder 175,80 $
- Cruise-O-Matic 200/225 HP V8 185,39 $
- Viergang-Schaltgetriebe Sechszylinder 113,45 $
- Viergang-Schaltgetriebe V8 184,02 $

Performance-Ausstattung

- Scheibenbremsen vorne, V8 (ohne Bremskraftverstärker) 56,77 $
- Sperrdifferenzial 41,60 $
- Rally Pac (mit Zeituhr/Drehzahlmesser) 69,30 $
- Special Handling Package, für 200- und 225-PS-V8 (Federn mit höherer Federrate, stärkere Stoßdämpfer, Lenkgetriebe 22:1 und stärkerer Frontstabilisator) 30,64 $
- GT-Ausstattung (nur für 225-PS- und 271-PS-V8, mit Doppelrohrauspuff mit polierten Endspitzen in der Heckschürze, Special-Handling-Package-Teilen, Scheibenbremsen vorn, Nebellampen plus Zierleisten, GT-Seitenstreifen, Instrumententräger mit fünf Anzeigen und GT-Emblemen) 165,03 $
- Felgen, 14 Zoll Styled Steel (nur V8) 119,71 $

Kraftunterstützung

- Bremskraftverstärker 42,29 $
- Servolenkung 84,47 $
- Elektrisches Verdeck, Cabriolet 52,95 $

Sicherheitsausstattung

- Warnblinker 19,19 $
- Gepolsterte Sonnenblenden (65a und 76A) 5,58 $
- Sicherheitsgurte hinten 14,78 $
- Deluxe Sicherheitsgurte vorn (aufrollbar) 7,39 $
- Deluxe Sicherheitsgurte vorn und hinten (vorne aufrollbar) 25,40 $
- Visibility Group (von innen verstellbarer Außenspiegel, Tag/Nacht-Rückspiegel, Zweistufen-Wischer und Scheibenwascher) 35,83 $

Styling/Komfortausstattung

- Accent Group (seitliche Zierstreifen, Zierleiste am Schweller, keine Zierblende hinten)
  65A und 76A 27,11 $
  63 A 13,90 $
- Klimaanlage (Ford) 277,20 $
- Rückfahrscheinwerfer 10,47 $
- Hochleistungsbatterie 7,44 $
- Abgasregelung (nur Kalifornien) 5,19 $
- Mittelkonsole, volle Länge 50,41 $
- Mittelkonsole (für Einbau mit Klimaanlage) 31,52 $
- Interior Decor Group (gehobene Polsterausstattung, gepolsterte Sonnenblenden, Holzdekor, rot-weiße Türinnenleuchten 107,08 $
- Durchgehende Sitzbank vorn mit Mittelarmlehne (65A und 76A) 24,42 $
- Getönte Scheiben mit Farbkeil an Windschutzscheibe 30,25 $
- Windschutzscheibe getönt, mit Farbkeil 21,09 $
- Radio mit Drucktasten, Antenne 57,51 $
- Zierleiste Seitenschweller (65A und 76A) 15,76 $
- Vinyldach (65A) 74,19 $
- Radkappen mit Zentralverschluss-Attrappen 17,82 $
- Speichen-Radkappen, 14 Zoll 44,83 $
- Wegfall Heizung (Gutschrift) (31,52 $)
- Wegfall Sicherheitsgurte (Gutschrift) (10,76 $)

Reifen

Fünf 6,5x13 Rayon sind Sechszylinder-Standard
Aufpreis für

- 6,5x13 Weißwand 33,30 $
- 6,95x14 7,36 $
- 6,95x14 Weißwand 40,67 $

Fünf 6,95x14 sind, außer beim Hi-Po, V8-Standard
Aufpreis für

- 6,95x14 Weißwand 33,31 $
- 6,95x14 Nylon 15,67 $
- 6,95x14 Weißwand Nylon 48,89 $
- 6,95x14 mit doppeltem Rotring, Nylon 48,97 $

Zubehör Händlernachrüstung

- Türkantenschutz 2,70 $
- Zierleiste Seitenschweller (Set) 19,10 $
- Radkappen, Deluxe mit Zentralverschluss-Attrappen, 13 Zoll 28,95 $
- Radkappen, Deluxe mit Zentralverschluss-Attrappen, 14 Zoll 28,95 $
- Speichen-Radkappen, 13 Zoll 58,35 $
- Speichen-Radkappen, 14 Zoll 58,35 $
- Gepäckträger 35,00 $
- Verdeckhülle (weiß) 52,70 $
- Verdeckhülle (schwarz) 52,70 $
- Suchscheinwerfer Fahrerseite 29,95 $
- Schminkspiegel 1,95 $
- Kennzeichenrahmen 4,50 $
- Feuerlöscher 33,70 $
- Kompass 7,95 $
- Mittelwellenradio 53,50 $
- Lautsprecher hinten 11,95 $
- Studio Sonic Sound System (Hall) 22,95 $
- Außenspiegel, rund, konisch 3,95 $
- Außenspiegel Fahrerseite innenverstellbar 2,25 $
- Universal Außenspiegel (flach) 12,95 $
- dazu passend Außenspiegel rechts 6,95 $
- Tag/Nacht-Rückspiegel 4,95 $
- Rückfahrscheinwerfer 10,40 $
- Bremskraftverstärker 47,00 $
- Handschuhfachschloss 2,49 $
- Kofferraumfernentriegelung 6,95 $
- Scheibenwaschanlage 14,50 $
- Rally-Pac (Sechszylinder) 75,95 $
- Rally-Pac (Achtzylinder) 75,95 $

Kapitel 5

1966

Die auffälligste Änderung für 1966 ist der neugestaltete Grill mit den horizontalen Streben und dem „schwebenden" Mustang-Ornament.

1966 ist und bleibt wohl auch das erfolgreichste Mustang-Jahr. Die Produktion des 1966er Modells startete im August 1965, als der Mustang selbst nach fast anderthalb Jahren immer noch das begehrteste Auto auf dem US-Markt war. Ford hatte mittlerweile den Begriff „Ponycar" geprägt und bereits eine veritable Legende geschaffen. Dank dreier Fertigungsstätten mit Dreischicht-System konnten die Käufer praktisch in jede beliebige Ford-Niederlassung in den USA gehen und mit dem Mustang ihrer Wahl nach Hause fahren. Der gesamte Fahrzeugmarkt war stark von diesen Fahrzeugen geprägt, und es war kein Ende in Sicht. Mustangs wurden genauso schnell gekauft wie Ford sie bauen konnte.

Auf den ersten Blick sieht der 1966er Mustang wie sein Vorgänger aus. Warum auch sollte man ein erfolgreiches Konzept über den Haufen werfen? Also beschränkte man sich auf Detailverbesserungen. Den meisten wird da als erstes der neugestaltete Kühlergrill auffallen. Zu einer Vielzahl kosmetischer Änderungen kamen standardmäßig Sicherheitsmerkmale wie Rückfahrscheinwerfer, hintere Sicher-

Diese und nächste Seite: Das 1966er Mustang GT Cabrio mit 289-4V trägt die Farbe „Nightmist Blue" (Farbcode K), die neu für dieses Modelljahr war.

Ausstattung 1966

Die Grundausstattung laut Verkaufsbroschüre von 1965:

Standardausstattung

- Luftfiltereinsatz: 58.000 km
- Gaspedal: hängend angeordnet
- Lichtmaschine 38 A
- Aschenbecher: vorne
- Armlehnen: vorne
- Armlehnen, Aschenbecher: hinten (Cabriolet)
- Rückfahrscheinwerfer
- Batterie: „Sta-Ful"
- Karosserie: korrosionsgeschützt
- Bremsen: selbstnachstellend
- Einzelsitze: schaumstoffgepolstert, verschiebbar
- Teppiche: Nylon-/Kunstseidengemisch, ausgeformt
- Choke: automatisch
- Zigarettenanzünder
- Kleiderhaken
- Kühlflüssigkeit: 2 Jahre oder 58.000 km
- Innenbeleuchtung, vorne: Türschalter
- Innenbeleuchtung, hinten: Türschalter (Fastback)
- Gewölbtes Seitenglas
- Türarretierung: zweistufig
- Türscharniere: bronziert
- Türverriegelung: Sicherheitsverriegelung
- Türverkleidung: komplett Vinyl
- Warnblinkanlage
- Motor: 200-CI-Sechszylinder
- Lack-Finish: Super Diamond Lustre Enamel
- Kotflügel vorne: verschraubt
- Kraftstofffilter: 58.000 km
- Kraftstofftank: ca. 60 l
- Scheiben: Sicherheitsglas
- Handschuhfachbeleuchtung
- Dachhimmel: Vinyl, farblich abgestimmt (außer Cabriolet)
- Heizung und Entfroster: Frischluft
- Haubenverriegelung: einfach
- Hupen: zwei
- Armaturenbrett: gepolstert
- Isolierte Karosserie
- Wagenheber: Scherentyp, Karosserie seitlich
- Leuchtmittel: erhöhte Lebensdauer
- Schmierung Chassis: 58.000 km
- Wartung: halbjährlich
- Spiegel: Rückspiegel innen
- Spiegel: Außenspiegel
- Zierleiste: Seitenschweller
- Auspufftopf: aluminisiert
- Ölfilter: 10.000 km
- Einstiegsleisten: Aluminium
- Sicherheitsgurte: vorne und hinten
- Rücksitz: umklappbar (Fastback)
- Lenkrad: geschüsselt, Sicherheitslenkrad
- Sonnenblende: gepolstert, farblich abgestimmt
- Thermostat: 90,5 °C
- Schalthebel: auf Mitteltunnel
- Getriebe: Dreigangschaltgetriebe
- Blinker
- Sitzpolster: komplett Vinyl
- Sitzpolster: Stoff und Vinyl (außer Cabriolet)
- Ventilstößel: hydraulisch
- Belüftung: Frischlufteinlässe (außer Fastback)
- Belüftung: Frischlufteinlässe plus Auslässe an den hinteren Dachsäulen (Fastback)
- Radkappen: Vollabdeckung
- Scheibenwaschanlage
- Scheibenwischer: 15 Zoll, elektrisch

Prachtvoll trotz Minimalausstattung: Dieses 1966er Cabriolet hat einen Sechszylinder mit Dreigangschaltung und kaum Sonderausstattung. Der Farbton ist Candyapple Red (Farbcode T).

Ein seltenes K-Code-Cabrio von 1966 in Ivy Green Metallic (Farbcode R). Dieses Auto ist ein Survivor, unrestauriert und in einem makellosen Zustand.

heitsgurte und Warnblinkanlage. Obwohl sie nichts grundlegend Neues bot, pries Ford die umfangreiche Grundausstattung für 1966 noch lauter an.

Am 2. März 1966 rollte der einmillionste Mustang in Dearborn vom Band – ein Grund zum Feiern. Der Legende nach und laut einigen Fachzeitschriften bekam jeder Ford-Auslieferungsbezirk einen Jubiläums-Mustang, Hardtop-Coupés (noch immer die bestverkaufte Karosserievariante) in der Sonderfarbe Anniversary-Gold. Angeblich war auf dem Typenschild kein Farbcode vermerkt und jedes Fahrzeug erhielt einen eigenen, sechsstelligen DSO-Code.

Zu den Feierlichkeiten wurde der Mustang Sprint 200 eingeführt. Es war Frühling, und Fords clevere Marketingstrategen luden jedermann ein, am Erfolg des Mustang teilzuhaben. Sprint-200-Modelle waren, wie der Name bereits vermuten lässt, Sechszylinder mit attraktiver Zusatzausstattung. Der Hersteller wollte damit den Absatz der Reihensechser ankurbeln, da er mit der Nachfrage nach V8-Motoren nicht mehr mithalten konnte. Die ganzseitigen Zeitungsanzeigen mühten sich, alle Vorteile des „limitierten“ Sondermodells herauszustellen.

„Mustang! Mustang! Mustang!“ So lautete der Slogan von Print-Anzeigen wie von Prospekten. Bezogen auf die behutsamen Änderungen am neuen Modell titelte eine Anzeige: „Wenn Sie dachten, wir könnten einen Gewinner nicht verbessern, testen Sie einen ’66er Mustang.“ Unter der reißerischen Überschrift wurden die Leser im Anzeigentext dann beruhigt, dass sich ihr Lieblingsauto nicht wesentlich verändert habe, sondern lediglich größeren Komfort, mehr Optionen und eine größere Farbauswahl biete. Und die Anzeigen versprachen nichts Falsches: Die neuen Mustangs waren besser ausgereift und immer noch absolute Schnäppchen. Der Grundpreis für ein Hardtop-Coupé belief sich nun auf 2416 $, nur 95 $ mehr als im Vorjahr. Das Cabriolet erfuhr dieselbe Preissteigerung auf 2652 $. Die Fastbacks wiederum wurden um 73 $ teurer und kosteten nun 2607 $.

1966 sollte sich so nicht wiederholen. Bereits früh im Modelljahr erkannte Ford den aufziehenden „Ponycar-War“ und entschied sich für ein komplettes Redesign des Mustang für 1967. Das Fahrzeug benötigte einen frischen Look und ernsthafte PS-Zuwächse, um mit den bald erscheinenden neuen Produkten von GM und Chrysler mithalten zu können.

Dieses hübsche 1966er GT-Coupé in Emberglo (Farbcode V) strahlt in der Nachmittagssonne.

Am Samstag, dem 27. Juli 1966, lief die Produktion der ’66er Modelle in Metuchen aus. Zwei Tage später, am 29. Juli, rollten die letzten Fahrzeuge in San Jose vom Band. In Dearborn wurde noch weiterproduziert, und man beendete die Fertigung erst zwei Wochen später, nämlich am Freitag, dem 12. August. Insgesamt wurden 607.568 Mustangs des Modelljahrs 1966 fertiggestellt.

Karosserie und Außenausstattung

Die drei Karosserievarianten Hardtop, Cabriolet und Fastback wurden auch 1966 angeboten. Die Basis blieb gleich, die Veränderungen spielten sich außen ab. Der Standard-Kühlergrill besaß nun ein neues Muster mit polierten Querrippen und ein „schwebendes“ Mustang-Ornament. Bei den GT-Modellen waren die Querrippen geschwärzt,

Karosserieabmessungen in mm

	Hardtop	Cabriolet	Fastback
Länge	4613	4613	4613
Breite	1732	1732	1732
Höhe	1298	1295	1300
Radstand	2743	2743	2743
Leergewicht in kg (Sechszylinder, Standardgetriebe)	1184	1256	1198

Oben: Alle 1966er Fahrzeuge (mit Ausnahme der GT und Autos mit Accent Group) erhalten die neue Zierblende mit den drei vorwärtsgerichteten Zähnen. Die breite Zierleiste an den Seitenschwellern wird Serienausstattung.
Links: Der nicht von innen verstellbare Standardaußenspiegel wird auch 1966 weiter verbaut.

Das GT-Paket bleibt ein Verkaufsschlager.

Typenschild-Entschlüsselung (Vehicle Warranty Number) für das Modelljahr 1966

Produktionsstätte
- F Dearborn, Michigan
- R San Jose, Kalifornien
- T Metuchen, New Jersey

Karosserietyp
- 07 Hardtop-Coupé
- 08 Cabriolet
- 09 Fastback

Motorcodes
- A 289-4V-Achtzylinder hohe Verdichtung/Superbenzin hydraulische Ventilstößel
- C 289-2V-Achtzylinder niedrige Verdichtung/Normalbenzin/hydraulische Ventilstößel
- K 289-4V-Achtzylinder hohe Verdichtung/Superbenzin/ mechanische Ventilstößel
- T 200-1V-Sechszylinderreihenmotor niedrige Verdichtung/Normalbenzin/hydraulische Ventilstößel

Fortlaufende Produktionsnummer
Die restlichen sechs Ziffern der VIN bilden die auf dem Fließband zugewiesene fortlaufende Produktionsnummer.

In der Zeile über der Fahrzeuggarantienummer:

Karosserie/Innenausstattung
- 63A Fastback/Standard Interior
- 65A Hardtop-Coupé/Standard Interior
- 76A Cabriolet/Standard Interior
- 63B Fastback/Interior Decor Group (Pony Interior)
- 65B Hardtop-Coupé/Interior Decor Group
- 76B Cabriolet/Interior Decor Group
- 65C Hardtop-Coupé/durchgehende vordere Sitzbank
- 76C Cabriolet/durchgehende vordere Sitzbank

Farbcodes Außenlack
- A Raven Black
- F Arcadian Blue
- H Sahara Beige
- K Nightmist Blue
- M Wimbledon White
- P Antique Bronze
- R Ivy Green Metallic
- T Candyapple Red
- U Tahoe Turquoise
- V Emberglo
- X Vintage Burgundy
- Y Silver Blue
- Z Sauterne Gold
- 4 Silver Frost
- 5 Signalflare Red
- 8 Springtime Yellow
- 17 Lime Gold (1967 Color)
- Q7 Brittany Blue (1967 Color)
- Y7 Dark Moss Green (1967 Color)
- W7 Clearwater Aqua (1967 Color)

Innenausstattung
Standardausstattung
- 22 Blue
- 25 Red
- 26 Black
- 27 Aqua
- D2 Parchment with Blue Appointments
- D3 Parchment with Burgundy Appointments
- D4 Parchment with Emberglo Appointments
- D6 Parchment with Black Appointments
- D7 Parchment with Aqua Appointments
- D8 Parchment with Ivy Gold Appointments
- D9 Parchment with Palomino Appointments

Interior Decor Group (Pony Interior)
- 62 Blue/White
- 64 Emberglo/Parchment
- 65 Red
- 66 Black
- 67 Aqua/White
- 68 Ivy Gold/White
- F2 Parchment with Blue Appointments
- F3 Parchment with Burgundy Appointments
- F4 Parchment with Emberglo Appointments
- F6 Parchment with Black Appointments
- F7 Parchment with Aqua Appointments
- F8 Parchment with Ivy Gold Appointments
- F9 Parchment with Palomino Appointments

Durchgehende vordere Sitzbank
- 32 Blue
- 35 Red
- 36 Black
- C2 Parchment with Blue Appointments
- C3 Parchment with Burgundy Appointments
- C4 Parchment with Emberglo Appointments
- C6 Parchment with Black Appointments
- C7 Parchment with Aqua Appointments
- C8 Parchment with Ivy Gold Appointments
- C9 Parchment with Palomino Appointments

Produktionsdatum
- H August 1965
- J September 1965
- K Oktober 1965
- L November 1965
- M Dezember 1965
- A Januar 1966
- B Februar 1966
- C März 1966
- D April 1966
- E Mai 1966
- F Juni 1966
- G Juli 1966
- V August 1965

Die Ziffern 1–31 vor dem Buchstaben der Monatskennung stehen für das Tagesdatum.

Auslieferungsbezirk (DSO)
Die 1966er DSOs waren im Zeitraum von August bis Ende Dezember 1965 identisch mit denen von 1965. Ab dem 1. Januar 1966 änderten sich die DSOs wie folgt:

- 11 Boston
- 13 New York
- 15 Newark
- 16 Philadelphia
- 17 Washington, D.C.
- 21 Atlanta
- 22 Charlotte
- 24 Jacksonville
- 25 Richmond
- 27 Cincinnati
- 28 Louisville
- 32 Cleveland
- 33 Detroit
- 34 Indianapolis
- 35 Lansing
- 37 Buffalo
- 41 Chicago
- 42 Fargo
- 43 Milwaukee
- 44 Twin Cities
- 45 Davenport
- 51 Denver
- 52 Des Moines
- 53 Kansas City
- 54 Omaha
- 55 St. Louis
- 61 Dallas
- 62 Houston
- 63 Memphis
- 64 New Orleans
- 65 Oklahoma City
- 71 Los Angeles
- 72 San Jose
- 73 Salt Lake City
- 74 Seattle
- 75 Phoenix
- 81 Ford of Canada
- 83 U.S. Government
- 84 Home Office Reserve
- 85 American Red Cross
- 89 Transportation Services
- 90–99 Export

Kanadische Auslieferungsbezirke
Kanadische DSOs galten ab dem 1. Januar 1966. Von August 1965 bis Dezember 1965 stand der Code DSO 81 für Mustangs, die nach Kanada exportiert wurden.

- B1 Zentral-Kanada
- B2 Ost-Kanada
- B3 Atlantik-Kanada
- B4 Mittlerer Westen Kanada
- B6 West-Kanada
- B7 Pazifik-Kanada

Achsübersetzung

Ungesperrt	Gesperrt	Übersetzungsverhältnis
1	A	3,00:1
2	B	2,83:1
3	C	3,20:1
5	E	3,50:1
6	F	2,80:1
8	H	3,89:1
9	I	4,11:1

Getriebetyp
- 1 Dreigangschaltgetriebe (unsynchronisiert)
- 3 Dreigangschaltgetriebe (vollsynchronisiert)
- 5 Viergangschaltgetriebe
- 6 C-4 Automatikgetriebe Cruise-O-Matic

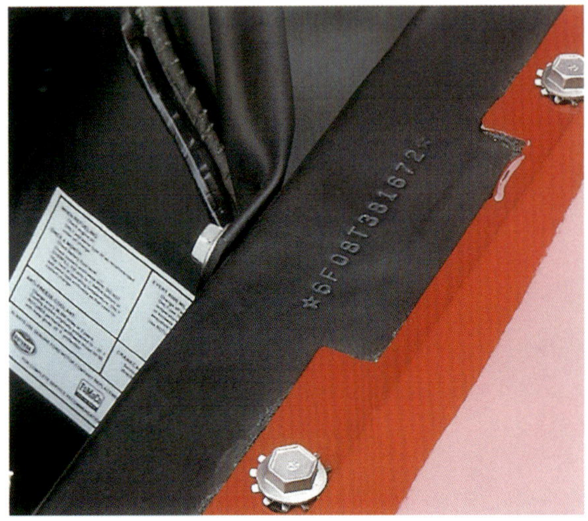

GT-Mustangs erhalten 1966 einen eigenen Tankdeckel. Bei allen Fahrzeugen wird die VIN in die Oberseite der inneren Kotflügel gestanzt.

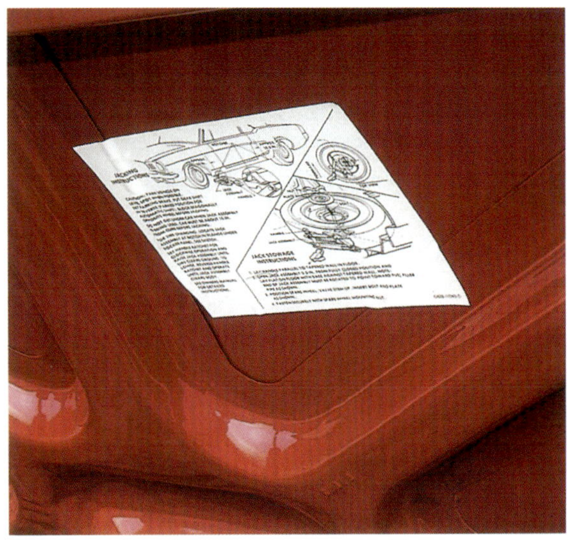

Im Uhrzeigersinn: Das Design der Kofferraummatte – hier in einem Cabrio – bleibt 1966 unverändert. Die Gebrauchsanweisung für den Wagenheber klebt an der Innenseite des Kofferraumdeckels. Die Position hängt von Lust und Laune der Bandarbeiter ab. Vinyldächer sind für die ganze erste Mustang-Generation eine 75-$-Option. Dazu gehört die breite Chromzierleiste als unterer Abschluss der hinteren Dachsäule.

Für ein Fahrzeug der US-Kompaktklasse ist der Mustang-Innenraum recht geräumig.

1966 ist das Armaturenbrett mit fünf Rundinstrumenten Standard. In der Mitte sitzt der Tacho, links davon Kraftstoff- und Öldruckanzeige, rechts Ampèremeter und Wassertemperaturanzeige.

Die neue Basisinnenausstattung für 1966 hat Geflechtprägung im Vinyl der Sitzmittelbahnen.

Auch die Türverkleidung ändert sich: Die Linien verlaufen nun horizontal, die Chromleisteneinfassung bleibt.

um die Sportlichkeit der Modelle zu betonen. Zwei Nebelscheinwerfer dominierten den GT-Grill, die, ähnlich wie bei den Modellen im Vorjahr, von einer horizontalen Zierleiste gehalten wurden.

Die breite Zierleiste an der Haubenkante, die im Vorjahr noch den GT vorbehalten war, wurde nun bei allen Mustangs Serienausstattung, ebenso wie die Zierleisten an den Seitenschwellern (nicht beim GT) und die Rückfahrscheinwerfer.

Die neue Zierblende vor den Hinterrädern beschrieb Ford so: „Drei vorwärts stoßende Leisten betonen Schnelligkeit und Bewegung im Mustang-Look."

Der Tankdeckel wurde 1966 ebenfalls überarbeitet. Der Keramikeinsatz entfiel und der Verschluss war nun komplett aus Metall. Darauf prangte erhaben das Motiv des galoppierenden Pferdes vor den typischen dreifarbigen Streifen. GTs erhielten einen eigenen Tankverschluss mit großen Lettern GT in der Mitte.

Das Typenschild fiel nun etwas kleiner aus, aber es waren immer noch alle relevanten Informationen aufgeführt. Die Fahrzeugabmessungen blieben unverändert.

Oben: Die Interior Decor Group bleibt unverändert.

Rechts: Der optionale Rally-Pac mit Drehzahlmesser und Zeituhr wird von den 1965er Midyear-Modellen übernommen. Die 1966er Rally-Pacs sind in schwarz oder abgestimmt auf die Farbe der Lenksäule erhältlich. Dieser hier geht bis 6000/min, bei K-Codes sind es 8000/min.

Links: Dieses spezielle „Pony Interior“ ist mit einem seltenen abschließbaren Handschuhfachdeckel ausgestattet.

Rechts: Wie bereits bei den 1965er Modellen sind die 1966er Pony-Innenausstattungen einfarbig oder zweifarbig zu haben. Das Motiv der galoppierenden Pferde ist bei beiden Versionen ins Vinyl geprägt.

Oben: Das spektakuläre Pony Interior (Interior Decor Group) in Emberglo mit Einsätzen in Parchment.

Links: Die Türverkleidungen der Pony-Ausstattung unterscheiden sich wesentlich. Beachten Sie den „Pistolen"-Türgriff mit Holzeinlage und die tiefsitzende Innenraumleuchte. Außerdem haben Fahrzeuge mit Pony-Ausstattung Teppichbezüge an den Fußraumverkleidungen.

Innenausstattung

Innen blieben die Änderungen ebenso überschaubar wie außen. Alle Fahrzeuge waren nun mit fünf Rundinstrumenten ausgestattet. Modelle mit Pony-Ausstattung bekamen weiter Holzdekor, während die Standard-Mustangs die schwarze Kameraoptik behielten. Alle Tachometer reichten jetzt, unabhängig von der Motorisierung, bis 140 mph.

Die Armaturenbrettabdeckung wurde leicht überarbeitet und betonte die beiden Blenden von Instrumententräger und Handschuhfach stärker. An den Türverkleidungen verliefen die Ziernähte neuerdings horizontal statt vertikal.

Die Standardsitze bekamen Einsätze in Web-Optik statt einheitlich glattem Vinyl. Auch die durchgehende Sitzbank war 1966 noch erhältlich. Genau wie im Vorjahr gab es sie nicht in Verbindung mit der Deluxe Interior Group. Bei den Innenraumfarben fiel die Auswahl 1966 etwas knapper aus. „Nur" 34 Farben und Kombinationen standen auf der Ausstattungsliste.

Gepolsterte Sonnenblenden gehörten nun ebenso wie hintere Sicherheitsgurte zur Serienausstattung. Alle Gurte waren außerdem farblich auf den Innenraum abgestimmt. Von den Vorgängermodellen wurde das manuelle Cabrioverdeck übernommen. Dank der Konstruktion mit Gegengewichten war das leichte Verdeck einfach zu öffnen und zu schließen. Ein elektrohydraulisch betriebenes Verdeck war als Zusatzausstattung verfügbar.

Chassis
Die vom Falcon abstammende selbsttragende Karosserie mit Hilfsrahmen wurde unverändert ins Modelljahr 1966 übernommen. Hardtop, Cabriolet und Fastback blieben nach dem gleichen Grundprinzip aufgebaut.

Wie bereits in Kapitel 3 beschrieben, erhielten die Cabriolets zur Erhöhung der Verwindungssteifigkeit zusätzlich Verstärkungsboxen und -platten.

Unabhängig von der Motorgröße (Sechs- oder Achtzylinder) basierten alle Mustangs auf demselben Chassis. Bei den Achtzylindern war das Fahrwerk im Hinblick auf Gewichts- und Leistungszuwachs stärker ausgelegt.

MOTOREN

Das Modelljahr 1966 brachte für die gesamte Ford-Motorenpalette zwei gravierende Änderungen. Die auffälligste war die Entscheidung, alle Motoren in Ford Corporate Blue zu lackieren. Nicht nur die Motorblöcke erhielten diese Farbe, sondern auch Ventildeckel und Luftfilter.

Die andere Neuheit bezog sich auf die kalifornischen Abgaskontrollstandards, die am 1. Januar 1966 in Kraft traten. Ford entschied sich, die Anforderungen bei für Kalifornien bestimmten Mustangs direkt von Beginn des Modelljahres 1966 an zu erfüllen. Die Smog Control bedeutete zusätzliche Lufteinblasung in den Auslasstrakt.

Smog Control bedeutete aber auch den Beginn exzessiven Leitungsbaus im Motorraum. Schläuche verliefen entlang des Motors sowie quer zum Luftfilter und sorgten für optische Unordnung im Motorraum. Die Lichtmaschine musste ein Stück nach unten rücken, um der Luftpumpe Platz zu machen. Für beide waren neue Halter fällig. Dazu kamen zahlreiche weitere kleine Änderungen.

Basismotor T-Code

Motorentyp:	Reihensechszylinder, hängende Ventile
Hubraum:	200 CI (3,3 l)
Fertigungsgruppe:	Falcon „Six"
Bohrung x Hub:	93,5 x 79,5 mm
Verdichtungsverhältnis:	9,2:1
PS bei 4400/min:	120
Drehmoment bei 2400/min:	257 Nm
Ventilstößel:	hydraulisch
Vergaser:	Autolite 1100, 1V
Treibstoffart:	Normalbenzin
Abgasregelanlage	Thermactor (nur Kalifornien)
Abmessungen:	84 x 58 x 71 cm (L x B x H)
Gewicht:	163 kg

Oben: Die 200 Sprint Limited Edition beinhaltet lediglich optisches Tuning für Motor und Fahrzeug: „Accent Appearance Group“, Speichenradkappen, Mittelkonsole und zahlreiche kleinere Upgrades. Der Motor, der unveränderte Basis-200er, bekommt den „Dress-Up-Kit“ mit verchromtem Ventildeckel und Luftfilter plus speziellem „Sprint 200“-Aufkleber.
Links: Luft und Benzin werden im Autolite-1100-Einfachvergaser mit automatischem Choke gemischt.

Rechts: Die Einrohr-Auspuffanlage des Sechszylinders ist identisch mit den Systemen der Vorjahre.

Unten: Bei diesem 1966er C-Code ist der Hahn an der Klimaanlagenleitung nicht original, ebensowenig die grauen Zündkabel. Sie sollten schwarz sein.

Ein 289er A-Code Small Block mit Vierfachvergaser. Dieser spezielle Motor stammt von Ende Juni 1966, also vom Ende des Modelljahres. Beachten Sie die ungewöhnlich hohen Ventildeckel. Das sind eigentlich 1967er. Vermutlich sind Ford vor der Zeit die 66er-Deckel ausgegangen.

200-1V

Abgesehen von den oben aufgeführten Anpassungen blieb der 200-CI-Reihensechszylinder im Modelljahr 1966 unverändert. Die genaue Übersicht aller Motorfarben für 1966 finden Sie in Kapitel 1.

Abgasanlage

Die Einrohrauspuffanlage des 200ers wurde unverändert aus 1965 übernommen.

289-2V

Im September wurde der Ventiltrieb der 289-2V- und 4V-Motoren geändert. Für alle 1966er Modelle gilt: Die Ventile behielten ihre Länge, aber die Nut für die Federteller saß etwas tiefer am Schaft. Zum Ausgleich waren die Ventilfedern kürzer und hatten einen kleineren Durchmesser.

Überarbeitungen dieser Art liefen unter „Level Changes“. Ziel war es, Teile und Produktionsverfahren zu vereinheitlichen und Kosten zu sparen.

Eine markante Änderung sowohl bei C- als auch bei A-Code-Motoren war 1966 der Wechsel von herkömmlichen zu „Rail-Type“-Kipphebeln. Aufgrund dieser Neuerung konnten die Bohrungen der Stößelstangen vergrößert werden. Vorher wurde der Kipphebel von der Stößelstange mit ihren engen Zylinderkopfbohrungen geführt. Mit dem neuen System übernahm der Ventilschaft diese Aufgabe. Diese spezielle Modifikation nennt sich „Change Level 11“.

Wie der Rest der Motoren war auch der 289-2V Ford Corporate Blue lackiert. Aggregate für Kalifornien erhielten die neue Abgasregelanlage, alle anderen blieben davon verschont.

Optionaler Motor C-Code

Motorentyp:	Achtzylinder in 90°-V-Anordnung, hängende Ventile
Hubraum:	289 CI (4,7 l)
Fertigungsgruppe:	Fairlane V8
Bohrung x Hub:	101,6 x 72,9 mm
Verdichtungsverhältnis:	9,3:1
PS bei 4400/min:	200
Drehmoment bei 2200/min:	381 Nm
Ventilstößel:	hydraulisch
Vergaser:	Autolite 2100, 2V
Treibstoffart:	Normalbenzin
Abgasregelanlage:	Thermactor (nur Kalifornien)
Abmessungen:	71 x 64 x 74 cm (L x B x H)
Gewicht:	209 kg

Der Motor dieses 1966er K-Code 289-4V ist mit zahlreichen Zubehörteilen ausgestattet, die 1966 bei ausgewählten Fordhändlern zu bekommen sind: gerippte Ventildeckel im Cobra-Stil, eine spezielle Ansaugbrücke, eine Batterie mit drei Vergasern („Tri-Power"), gekrönt von einem Cobra-High-Performance-Luftfilter. Der Begriff „Tri-Power" steht für die drei Zweifachvergaser (unten), die für mehr Durchsatz sorgen. Die Standard-K-Codes besitzen Chromventildeckel und offene, runde Chromluftfilter, ähnlich denen auf den K-Code-Fotos in Kapitel 4. Natürlich sind die Motoren und ihre Anbauteile im Modelljahr 1966 in Ford Corporate Blue lackiert.

Optionaler Motor A-Code

Motorentyp:	Achtzylinder in 90°-V-Anordnung, hängende Ventile
Hubraum:	289 CI (4,7 l)
Fertigungsgruppe:	Fairlane V8
Bohrung x Hub:	101,6 x 72,9 mm
Verdichtungsverhältnis:	9,8:1
PS bei 4800/min:	225
Drehmoment bei 3200/min:	412 Nm
Ventilstößel:	hydraulisch
Vergaser:	Autolite 4100, 4V
Treibstoffart:	Superbenzin
Abgasregelanlage:	Thermactor (nur Kalifornien)
Abmessungen:	71 x 64 x 74 cm (L x B x H)
Gewicht:	211 kg

Abgasanlage
Die Einrohr-Auspuffanlage des 289-2V ist identisch mit der aus dem Vorjahr.

289-4V
Wie schon im Abschnitt über den 289-2V beschrieben, erfuhr 1966 auch der 4V die Überarbeitung des Ventiltriebs. Motorblock, Ventildeckel und Luftfilter des 289-4V waren in Ford Corporate Blue lackiert. Die Motoren für Kalifornien erhielten das Smog-Control-System, alle anderen Fahrzeuge waren davon nicht betroffen.

Abgasanlage
Eine Doppelrohr-Auspuffanlage wie bei den K-Codes wurde 1966 Standard bei den A-Code-Motoren. Eine Einrohranlage wie bei den 1965er A-Codes war nicht länger erhältlich.

289-4V „Hi-Po"
Als 1966 der Fairlane 390er Big-Block in verschiedenen Intermediate- und Full-Size-Fahrzeugen eingeführt wurde, gab es in diesen Modellreihen keine Verwendung mehr für den „Hi-Po". Plötzlich war der legendäre Hi-Performance 289 nur noch im Mustang zu finden.

Die Änderungen am Ventiltrieb der 2V- und 4V-Motoren betrafen den K-Code nicht. Grund dafür waren die Anforderungen der mechanischen Hi-Po-Nockenwelle an das Ventilspiel.

Auch der K-Code bekam etwas Ford Corporate Blue ab, die Ventildeckel und der offene Luftfilter blieben aber verchromt. Abgesehen von der Smog Control für kalifornische Fahrzeuge blieb der kraftvollste Motor im Mustang-Stall 1966 unangetastet.

Abgasanlage
Die 289er-Hi-Po-Auspuffanlage blieb gleich mit dem 1965 neu eingeführten System.

Optionaler Motor K-Code

Motorentyp:	Achtzylinder in 90° V-Anordnung, hängende Ventile
Hubraum:	289 CI (4,7 l)
Fertigungsgruppe:	Fairlane V8
Bohrung x Hub:	101,6 x 72,9 mm
Verdichtungsverhältnis:	10,5:1
PS bei 6000 U/min:	271
Drehmoment bei 3400 U/min:	421 Nm
Ventilstößel:	mechanisch/einstellbar
Vergaser:	Autolite 4100, 4V
Treibstoffart:	Superbenzin
Abgasregelanlage:	Thermactor (nur Kalifornien)
Abmessungen:	71 x 64 x 74 cm (L x B x H)
Gewicht:	211 kg

Getriebe
Alle V8-Mustangs außer den K-Codes bekamen serienmäßig das vollsynchronisierte Dreigangschaltgetriebe. Die Auswahl an Getrieben entsprach ansonsten der 1965er – abgesehen von einer zweiten Version der Cruise-O-Matic, die nicht nur für 2V- und 4V-Motoren erhältlich war, sondern auch für den K-Code.

Eigentlich gab es das Automatikgetriebe in drei Übersetzungs-Konfigurationen, allerdings waren nur zwei davon im Mustang erhältlich. Aus der Händlerbroschüre: „Unterdruckgesteuertes, automatisches Schalten bietet geschmeidige Gangwechsel in jeder Fahrsituation. Für normale Fahrt wird die Cruise-O-Matic in Position D (grüner Punkt) geschaltet und das Getriebe startet im ersten Gang. Danach übernimmt die Unterdrucksteuerung und schaltet je nach Gaspedalstellung und Drehmoment. Wird eine schnellere Beschleunigung gewünscht, verzögert die Automatik das Hochschalten und schöpft so die Kraft des Motors maximal aus. Außerdem erlaubt die Unterdrucksteuerung das Herunterschalten in den zweiten Gang während eines Überholmanövers, ohne dabei den Motor zu überdrehen".

Kupplungen
Das Design und die Konfigurationen der Kupplungen blieben im Modelljahr 1966 unverändert.

HINTERACHSEN

Sechszylindermodelle
Genau wie im Vorjahr erhielten die Sechszylindermodelle eine Hinterachse mit einem Differenzialträger aus Guss. Das von der Mittelachse versetzte Antriebsritzel lief auf zwei vor dem Kegelrad liegenden Kegelrollenlagern. Die Achswellen aus

induktionsgehärteten Stahlschmiedeteilen mit kaltgewalzten Verzahnungen mündeten ins Differenzial auf der einen und in die Radnabe auf der anderen Seite.

Achtzylindermodelle

Ebenfalls wie in den Vorjahren besaßen die Achtzylinder Hinterachsen mit Banjo-Achsgehäuse und dreifach gelagertem Antriebskegelrad. Das Design mit zwei Kegelrollenlagern vor und einem Zapfenlager hinter dem Kegelrad ergab eine perfekte Ausrichtung von Kegelrad zu Tellerrad. Die Achswellen bestanden wiederum aus induktionsgehärteten Stahlschmiedeteilen mit kaltgewalzten Verzahnungen, die an ihren Enden mit Differenzial und Radnabe verbunden waren.

Alle Mustang-Differenziale bekamen am Band Blechmarken zur Identifikation. In Kapitel 1 befassen wir uns mit der Entschlüsselung dieser Kennungen. Die Tabelle auf S. 109 zeigt weitere Differenzialtypen und ihre Verwendung. Sie werden erkennen, dass diese Verwendungen 1966 differenzierter wurden. Viele der 1965er Baugruppen wurden ins neue Modelljahr übernommen.

Kardanwelle und Kreuzgelenke

Alle Modelle besaßen offenliegende Kardanwellen mit Kreuzgelenken an beiden Enden. Für maximale Stärke und geringes Gewicht waren die Kardanwellen aus nahtlosem Stahlrohr hergestellt. An beide Enden wurden geschmiedete Gabeln geschweißt, und abschließend wurde das Ganze dann feingewuchtet. Die Kreuzgelenke besaßen gekapselte, vorgeschmierte Nadellager, die ca. alle 50.000 km abgeschmiert werden mussten.

FAHRWERK, LENKUNG, BREMSEN

Das Fahrwerk der 1966er Mustangs war mit dem der Vorjahre identisch. Wie zuvor bekamen alle Modelle mit Hi-Po sowie mit GT-Paket das „heavy-duty“-Fahrwerk serienmäßig. Für alle anderen V8-Mustangs war das Paket optional erhältlich.

Lenkung

Auch die Lenkung (mit und ohne Servounterstützung) der 1966er Mustangs wurde unverändert aus den Vorjahren übernommen. Alle Mustangs waren mit derselben Lenkung ausgestattet. Das Lenkgetriebe war ein Kugelumlaufsystem, „Magic Circle“ genannt. Alle Reibstellen des Lenkgestänges waren dauergeschmiert, das Lenkgetriebe mit lebenslang haltbarem Schmierstoff gefüllt.

Übersetzungsverhältnisse Achtzylinder, vollsynchronisiertes Dreigang-Schaltgetriebe

1. Gang:	2,79:1
2. Gang:	1,70:1
3. Gang:	1,00:1
Rückwärtsgang:	2,87:1

Übersetzungsverhältnisse Viergang-Schaltgetriebe (Sechszylinder)

1. Gang:	3,16:1
2. Gang:	2,21:1
3. Gang:	1,41:1
4. Gang:	1.00:1
Rückwärtsgang:	3,34:1

Übersetzungsverhältnisse Viergang-Schaltgetriebe (289-2V, 4V und 289-4V Hi-Po)

	289-2V, 4V	289-4V Hi-Po
1. Gang:	2,78:1	2,32:1
2. Gang:	1,93:1	1,69:1
3. Gang:	1,36:1	1,29:1
4. Gang:	1.00:1	1,00:1
Rückwärtsgang:	2,78:1	2,32:1

Übersetzungsverhältnisse Cruise-O-Matic Typ 1 (alle Motorisierungen außer 289-4V Hi-Po)

1. Gang:	2,46:1
2. Gang:	1,46:1
3. Gang:	1,00:1
Rückwärtsgang:	2,20:1

Übersetzungsverhältnisse Cruise-O-Matic Typ 2 (erhältlich für alle V8-Motorisierungen, Standard bei 289-4V Hi-Po)

1. Gang:	2,40:1
2. Gang:	1,47:1
3. Gang:	1,00:1
Rückwärtsgang:	2,00:1

Produktionsmarken Hinterachse

Kennung	Durchmesser in Zoll	Übersetzungsverhältnis	Typ	Verwendung
WCY-E	7,25	3,20	konventionell	200-1V mit Schaltgetriebe
WCY-L	7,25	3,20	Equa Lock	200-1V mit Schaltgetriebe
WCY-R	7,25	2,83	konventionell	200-1V mit Automatikgetriebe
WCY-AA	7,25	2,83	Equa Lock	200-1V mit Automatikgetriebe
WCY-AJ	7,25	3,20	konventionell	200-1V mit Automatikgetriebe
WCZ-R	8,75	3,89	konventionell	Nur High-Performance-Verwendung
WCZ-S	8,75	3,50	konventionell	Nur High-Performance-Verwendung
WCZ-T	8,75	3,50	Equa Lock	Nur High-Performance-Verwendung

Alle anderen Kennungen siehe Auflistung 1965

Die Zündverteiler der Sechszylinder sitzen seitlich am Motorblock. Das Foto zeigt die korrekte Farbe der Zündkabel und ihre Verlegung.

Die optional erhältliche Servolenkung benötigte vier pound (18 N) Druck, um voll wirksam zu werden. Eaton-Servopumpe und -Reservoir befanden sich vorne im Motorraum auf der Fahrerseite.

Das Handling-Paket sowie die Servolenkungsoption boten beide das direktere Übersetzungsverhältnis von 22:1.

Bremsen

Das Bremssystem der Sechs- und Achtzylinder-Mustangs blieb dasselbe wie bei den frühen Modellen. Bei den Trommelbremsen handelte es sich um selbstverstärkende Simplexbremsen. Die Handbremse wird mit einem Hebel links unter dem Armaturenbrett betätigt.

Optional konnten im Modelljahr 1966 alle V8-Modelle mit vorderen Scheibenbremsen bestellt werden. Es handelte sich um eine Doppelkolbenbremse mit innenbelüfteten Grauguss-Scheiben. An der Hinterachse blieb es aber weiterhin bei den traditionellen Trommelbremsen.

Bremskraftverstärker gab es 1966 ebenfalls als Option, jedoch nicht in Verbindung mit Scheibenbremsen. Der unterdruckbetriebene Bremskraftverstärker kam 1966 von Bendix oder von Midland Ross.

ELEKTRIK, KÜHLUNG, HEIZUNG

Das elektrische System mit Drehstromlichtmaschinen wurde aus dem Vorjahr übernommen. Bei den Basismodellen war das so verbesserte 12-V-System mit einem 38-Ampère-Generator kombiniert. A- und K-Codes sowie Fahrzeuge mit Klimaanlage erhielten 42-Ampère-Einheiten. Die 1965 verbesserten Standardbatterien wurden ebenfalls weiter verbaut, und eine „Heavy-Duty"-Batterie mit 55 A war für die unverbindliche Preisempfehlung von 7,44 $ zu haben.

Die Kühlerkapazitäten vergrößerten sich im Jahr 1966. Sechszylindermotoren bekamen einen Wasserkühler mit 9 Litern Kapazität, die Achtzylinder einen mit 13,8 Litern. In beiden Fällen handelt es

Bremsen

	Sechszylinder	Achtzylinder
Durchmesser Bremstrommel	9 Zoll	10 Zoll
Material Bremsbeläge	asbesthaltiges Harz	
Befestigung Bremsbeläge	vernietet	
Gesamtfläche Bremsbeläge (cm^2)	845	994

Lenkung

Lenkgestänge:	Trapezform mit Spurstangen und Lenkhebeln
Lenkgetriebe:	„Magic Circle"-Kugelumlauflenkung
Übersetzungsverhältnis:	
ohne Servounterstützung	27:1
mit Servounterstützung	22:1
Lenkradumdrehungen (von Anschlag zu Anschlag):	
ohne Servounterstützung	4,5
mit Servounterstützung	3,7
Wendekreis:	11,9 m
Kennungen am Lenkgetriebe	
ohne Servo (Standard):	HCC-AT
ohne Servo (Performance):	HCC-AX
Servolenkung:	HCC-AW

sich um geschlossene Kühlkreisläufe. Der Thermostat fand sich bei beiden Motorenbaureihen an den oberen Wasserauslasskanälen des Motors.

Fahrzeuge ohne Klimaanlage hatten 4 Blätter an den Kühlerventilatoren, während bei Ausstattungen mit Klimaanlage 5-blättrige Ventilatoren an den gestanzten Riemenscheiben verbaut waren.

Die optionalen Klimaanlagen von Ford waren mittig unter dem Armaturenbrett angebracht. Bei Anlagen des Modelljahrs 1966 war die Front schwarz und hatte vier runde Luftauslässe. Es gab drei Geschwindigkeiten: „High" (6,5–7,5 A), „Medium" (4,5–5,5 A) und „Low" (3–4 A). Die Klimakompressoren saßen vorne auf der Fahrerseite des Motorraums und wurden mit Keilriemen angetrieben. Der Klimaanlagenstromkreis war mit 3AG-15-Ampère-Sicherung abgesichert.

Die Bedieneinheit der Klimaanlage sitzt in der Mitte unter dem Armaturenbrett. Die Frontblende bekommt im Modelljahr 1966 ein schwarzes Finish.

Die Heizung befand sich unverändert auf der Beifahrerseite unter dem Armaturenbrett und wurde vom Motor mit erhitztem Wasser gespeist. Der Gebläsemotor arbeitete auf drei Stufen: „High" (6–8 A), „Medium" (4–6 A) und „Low" (2–4 A). Die Heizungs-/Gebläseeinheit war mit einem Schutzschalter mit einer SFE 14-Ampère-Sicherung abgesichert.

FELGEN UND REIFEN

Im Modelljahr 1966 wurden alle Mustangs, unabhängig von ihrer Motorisierung, mit 14-Zoll-Felgen ausgeliefert. Noch immer besaßen die Sechszylindermodelle vier Radbolzen, die V8-Modelle fünf. Das „Special-Handling-Package war weiterhin als Option für sämtliche Achtzylinderversionen erhältlich sowie Standardausstattung bei den K-Codes.

Alle 1965er Mustangs kamen serienmäßig mit 6,95x14-Zoll-Reifen aus vierlagigem Rayon. Hochwertige Nylonreifen und Versionen mit Weißwand waren optional erhältlich. Die Reifen mit doppeltem Rotring waren Standardausstattung bei allen K-Codes sowie Sonderausstattung bei allen anderen Achtzylindermodellen.

Rechts: Diese aufpreispflichtige Radkappe hat eine Zentralverschluss-Attrappe.

Auch wenn im Modelljahr alle Felgen 14-Zöller sind, bleibt es bei den Sechszylindern bei vier Radbolzen. Der oben gezeigt Reifen ist nicht original. Die Standardradkappe für alle Mustangs (unten) misst nun natürlich ebenfalls 14 Zoll.

Die optionale Speichen-Radkappe für die 14-Zöller wird aus dem Modelljahr 1965 übernommen.

Die Styled Steel Wheels sind denen aus dem Vorjahr ähnlich, haben aber jetzt ein schwarz lackiertes Felgenbett und tragen Edelstahlzierringe.

Felgen

	Sechszylinder	Achtzylinder
Typ:	gelochtes Stahlscheibenrad mit Sicherheitshump	
Anzahl Radbolzen:	4	5
Raddurchmesser und Felgenbreite:	14x4,5 Zoll	14x5,0 Zoll

Reifen (Maße in Zoll)

	6,95x14	6,95x14	6,95x14
Sechszylinder	Standard	Option	–
Achtzylinder	Standard	Option	Option
Achtzylinder*			
*mit Handling-Paket	–	Option**	Standard

** ohne Aufpreis, mit oder ohne Weißwand bestellbar

Optionen

Die meisten Preise sind identisch mit denen des Vorjahrs. Wir konnten nicht die Preise für die Händleroptionen ermitteln, aber wir vermuten, dass auch diese ähnlich denen von 1965 waren. Auffällig ist, dass der 271-PS-V8 als „Cobra-Motor" bezeichnet wurde.

Basispreis

2-türiges Hardtop	2416,18 $
Cabriolet	2652,86 $
2+2 Fastback	2607,07 $

Motoren

• Achtzylinder 289-CID 2V 200 PS (Aufpreis zum 200-CID 1V 120-PS-Sechszylinder)	105,63 $
• Achtzylinder 289-CID 4V 225-PS (Aufpreis zum 289-CID 2V)	52,85 $
• Achtzylinder 289-CID 4V 271-PS-Hi-Performance (Cobra) (Aufpreis zum 289-CID 2V, inklusive Special Handling Package und 6,95x14 Zoll Nylonreifen mit doppelten roten Seitenstreifen/ohne GT-Ausstattung)	327,92 $
• Mit GT-Ausstattung	276,34 $

Getriebe

• Cruise-O-Matic Sechszylinder	175,80 $
• Cruise-O-Matic 200/225 HP-V8	185,39 $
• Cruise-O-Matic 271 HP-V8 Hi-Performance-Motor	216,27 $
• Viergang-Schaltgetriebe Sechszylinder	113,45 $
• Viergang-Schaltgetriebe V8	184,02 $

Kraftunterstützung

• Bremskraftverstärker	42,29 $
• Servolenkung	84,47 $
• Elektrisches Verdeck, Cabriolet	52,95 $

Komfortausstattung

• Klimaanlage, Ford (getöntes Glas wird empfohlen)	310,90 $
• Stereosonic Kassettensystem (Radio muss bereits vorhanden sein)	128,29 $
• Durchgehende Sitzbank vorne mit Mittelarmlehne (Hardtop und Cabriolet)	24,42 $
• Heckgepäckträger (Hardtop und Cabriolet)	32,44 $
• Radio und Antenne	57,51 $

Styling

• Accent Stripe (seitlicher Zierstreifen, keine Zierblende hinten)	13,90 $
• Mittelkonsole, volle Länge	50,41 $
• Mittelkonsole (für Einbau mit Klimaanlage)	31,52 $
• Deluxe-Lenkrad (mit Holzdekor)	32,20 $
• Interior Decor Group mit gehobener Polsterausstattung, Deluxe-Lenkrad mit Holzdekor, rot-weißen Türinnenleuchten und „Pistolengriff"-Türgriffen	94,13 $
• Vinyldach (Hardtop)	74,36 $
• Speichenradkappen	58,24 $
• Radkappen mit Zentralverschluss-Attrappen	19,48 $

Spezialausstattung

• Geschlossenes Kurbelgehäuse-Entlüftungssystem (nur mir Abgaskontrollsystem, nicht für 271-PS-Motor)	5,19 $
• Abgaskontrollsystem (nicht für 271-PS-Motor)	45,45 $

Wegfalloptionen

• Heizung (Gutschrift)	(31,52 $)

Performance-Ausstattung

• Scheibenbremsen vorne, Achtzylinder (ohne Bremskraftverstärker)	56,77 $
• Sperrdifferenzial	41,60 $
• Rally Pac (beinhaltet Zeituhr/Drehzahlmesser)	69,30 $
• Special Handling Package, für 200- und 225-PS V8 (Federn mit höherer Federrate, stärkere Stoßdämpfer, Lenkgetriebeübersetzung 22:1 und stärkerer Frontstabilisator)	30,64 $
• GT-Ausstattung (nur mit 225- und 271-V8-Motoren: Doppelrohr-Auspuffanlage mit polierten Endspitzen, durchs Heckabschlussblech geführt, Special-Handling-Package-Komponenten, Scheibenbremsen vorne, Nebelscheinwerfer mit Kühlergrill-Zierleisten, GT-Seitenstreifen, GT-Embleme sowie Wegfall Schwellerzierleiste)	152,20 $
• Felgen, 14 Zoll Styled Steel (nur V8)	93,84 $
• Batterie, Heavy-Duty, 55A	

Sicherheitsausstattung

• Scheibenwischer, elektrisch, mit zwei Geschwindigkeiten	12,95 $
• Deluxe Sicherheitsgurte vorne und hinten (vorne aufrollbar) und Warnleuchte	14,53 $
• Visibility Group (beinhaltet von innen verstellbaren Außenspiegel, Tag/Nacht-Rückspiegel, Scheibenwischer mit zwei Geschwindigkeiten)	29,81 $
• Scheiben, getönt mit Farbkeil an Windschutzscheibe	30,25 $
• Windschutzscheibe getönt, mit Farbkeil	21,09 $

Reifen

Fünf 6,95x14-Zoll-Reifen waren, außer beim Hi-Po, Standard bei allen Achtzylindermodellen. Aufpreis für

• 6,95x14 Weißwand	33,31 $
• 6,95x14 Nylon	15,67 $
• 6,95x14 Weißwand Nylon	48,89 $
• 6,95x14 mit doppeltem Rotring, Nylon	48,97 $

Fünf 6,95x14-Zoll-Reifen mit doppeltem roten Seitenstreifen, Nylon, waren Standard bei allen Modellen mit 271-PS-Hi-Performance-Motor.
Keine Zusatzkosten für:

- 6,95x14 Nylon
- 6,95x14 Weißwand Nylon

Zubehör Händlernachrüstung

- Klimaanlage
- Drucklufthörner
- Armlehnen hinten (Hardtop)
- Batterie, Heavy-Duty, 55 A
- Bremskraftverstärker
- Zigarettenanzünder
- Kleiderstange
- Kompass
- Türkantenschutz
- Zierleiste Einstiegsschweller
- Ablagefach Tür (nur schwarz)
- Motorvorwärmung 550 oder 1000 Watt
- Engine-Performance- und Dress-up-Kits (Cobra, alle V8-Motoren)
- Feuerlöscher 0,9 oder 2,3 l Trockenlöschmittel
- Bodenmatten, Gummi oder Vinyl, vorne oder hinten
- Kennzeichenrahmen
- Tankdeckel, abschließbar
- Schlösser für Handschuhfach und Mittelkonsolenfach
- Lake Pipes (seitliche Auspuffattrappen)
- Beleuchtung Motorraum/Kofferraum
- Beleuchtung Rücksitzbank (Hardtop und Cabriolet)
- Warnlicht für Handbremse
- Sperrdifferenzial
- Kartenleselampe 12V für Zigarettenanzünder
- Abfallbehälter
- Heckgepäckträger (Hardtop und Cabriolet)
- Dachgepäckträger (Hardtop)
- Spiegel
- Rückspiegel, blendfrei, Tag/Nacht
- Außenspiegel, rund
- Außenspiegel, Fahrerseite innenverstellbar (passender, nicht von innen verstellbarer Außenspiegel für die Beifahrerseite erhältlich)
- Rennzierstreifen, rot, weiß, blau
- Insektenschutz für Kühlergrill
- Transistorradio, Mittelwelle, Drucktasten, inklusive Antenne
- CB-Funkgeräte und Antennen
- Lautsprecher hinten, konventionell und Studiosonic (Hardtop)
- Rally-Pac mit Zeituhr und Drehzahlmesser
- Reflektoren-Kit
- Aufroller Sicherheitsgurt
- Kindersitz
- Sitzpolsterung, belüftet
- Skihalter (Hardtop und Cabriolet)
- Suchscheinwerfer
- Servolenkung
- Deluxe-Lenkrad
- Stereosonic Kassettensystem, montiert unter dem Armaturenbrett
- Drehzahlmesser, 6000 und 9000/min
- Schneeketten
- Taschentuchspender
- Verdeckhülle (Cabriolet)
- Werkzeugsatz
- Kofferraum-Fernentriegelung
- Blinker, auf Kotflügel
- Staubsauger, 12V
- Radkappen, Deluxe mit Zentralverschluss-Attrappen
- Speichen-Radkappen
- Styled Steel Wheels (Alle V8-Modelle)
- Radzierringe

Kapitel 6

Die Shelby-Mustangs

Dieser modifizierte 1965er Shelby steht sprungbereit.

Der Mustang hatte also alle Rekorde gebrochen. Umso dunkler war die Wolke, die die hellersichtigen Ford-Leute sich längst am Horizont aufbauen sahen. Niemand landet ungestraft einen harten Schlag gegen die Konkurrenz und lehnt sich dann bloß entspannt zurück. Der Erfolg des Mustangs hatte GM und Chrysler zwar gründlich überrascht, aber von Schockstarre konnte auch nicht die Rede sein. Chevrolet hatte die Corvette, die es 1964 bereits mit 375-PS-Einspritzer gab. Pontiac erweiterte gerade die Tempest-Modellreihe um ein Monster namens GTO mit 389-CI-Motor. Zudem machten bereits 1964 Gerüchte die Runde, dass GM und Chrysler mit eigenen Modellen ihren Anteil vom Ponycar-Kuchen haben wollten. Für Ford war es also bald wieder Zeit, Gas zu geben.

Carroll Shelby hatte bereits AC-Ace-Sportwagen in wahre Geschosse verwandelt, indem er ihnen den Ford-289er verpasste. Dieser Umbau erwies sich als so erfolgreich, dass die eigentlich schon totge-

Der fantastische Shelby GT350 von 1965 in der Nachmittagssonne, mit Blick auf den Pazifik.

Superselten: Eins von sechs gebauten 1966er Shelby GT350 Cabriolets in Springtime Yellow (Farbcode 8). Foto: Tom Shaw

glaubten Aces jedes Rennen gewannen, bei dem sie antraten. Mit dieser Glanzleistung erregte Shelby die Aufmerksamkeit der Ford Motor Company.

Er traf sich mit Lee Iacocca, und der beklagte, dass man beim Sports Car Club of America (SCCA) nicht weiterkomme. Um sich von kommenden Wettbewerbern zu distanzieren, wollte man den Mustang als Production Racecar in den SCCA-Rennen starten lassen. Der SCCA spielte aber nicht mit. Shelby war jedoch mit dessen Chef befreundet und sprach mit John Bishop. Das Ergebnis: Um beim SCCA zugelassen zu werden, müsse der Mustang in einen Zweisitzer verwandelt werden. Außerdem dürften entweder der Motor oder das Fahrwerk modifiziert werden, jedoch nicht beides. Außerdem bestehe die Rennorganisation auf der Homologationsregel, nach der 100 Fahrzeuge bis zum 1. Januar 1965 fertig sein müssten, um für die Saison zugelassen zu werden. Shelby und Iacocca arbeiteten daraufhin einen Plan aus.

Shelby war von Anfang an klar, dass er mit diesem Auftrag Probleme bekommen könnte. Lediglich 100 reine Rennfahrzeuge zu verkaufen, könnte für ihn ein Verlustgeschäft bedeuten. Dann kam er aber schnell zu der Erkenntnis, dass er zwei Versionen des Wagens bauen könnte, eine speziell für die Rennstrecke und eine etwas abgemilderte Variante für die Straße.

Ford hatte keine Probleme, die gewünschten Fahrzeuge zu liefern. Sie wurden direkt vom Werk in San Jose zu Shelbys neuer Adresse am Flughafen von Los Angeles transportiert. Für Shelby bedeutete der Deal viel Umsatz und für Ford den ersten „Muscle-Mustang" auf der Straße. Das frisch getaufte „Cobra-Mustang"-Programm wurde umgehend von Ford abgesegnet.

Shelbys Renndirektor und Entwicklungschef Ken Miles wurde mit dem Projekt beauftragt. Man stellte ihm zwei Mustang-Coupés sowie einen Haufen Ford-Hi-Performance-Teile zur Verfügung und schickte ihn zur Rennstrecke Willow Springs. Miles Vorgabe war es, einen Mustang mit außergewöhnlich guten Fahreigenschaften auf der Rennstrecke gepaart mit guter Straßentauglichkeit zusammenzustellen. Als weitere kleine Herausforderung sollten nach Möglichkeit Teile verwendet werden, die bereits von Ford erhältlich waren. Keine einfache Aufgabe! Der Erfolg sollte sich aber bald mit Hilfe von Fords Fahrwerksingenieur Klaus Arning und dem Shelby-Fahrer Bob Bondurant einstellen.

Als nächstes bestellte Shelby drei weiße Fastbacks in Basisausstattung und Wimbledon White. Einer davon wurde zum Shelby-Prototypen, die beiden anderen mussten sich im Rennbetrieb beweisen. Die drei Fahrzeuge wurden in Willow Springs ausgiebig getestet. Nachdem sämtliche Details und Einstel-

lungen festgelegt waren, konnte Shelby American mit der Serienfertigung beginnen.

Alle 1965er Shelbys waren in Wimbledon White (Farbcode M) lackiert. Dank Sonderbestellung wurden sie ohne Motorhaube, Haubenverschlüsse, Kühlergrill, Radio, Sicherheitsgurte, Rücksitz, Auspuffanlage, Zierblenden und Embleme geliefert. Alle erhielten schwarze Innenausstattungen, Viergangschaltgetriebe und den K-Code-Motor mit 271 PS.

Der Legende nach entstand der Name GT350 durch Zufall. Nachdem man sich bereits mit verschiedenen Variationen des Namens Cobra und Buchstaben-Ziffernkombinationen mit Bezug auf die Hubraumgröße versucht hatte, bekam man Angst vor eventuellen juristischen Folgen. Eines Tages schaute Shelby aus dem Fenster und fragte seinen Chefingenieur Phil Remington, wie weit wohl das gegenüberliegende Gebäude von ihnen entfernt sei. Beide schätzten die Distanz und Remington maß nach: „Dreihundertundfünfzig Fuß", lautete seine Antwort. „Prima", sagte Shelby. „Dann nennen wir das kleine Auto GT350. Wenn das Auto gut ist, spielt der Name keine Rolle, und wenn es schlecht ist, rettet der Name auch nichts mehr."

Bis zum Ende des Modelljahrs 1965 baute Shelby American 562 Straßen-GT350. Die Renn-

Unglaublich, aber wahr: ein Shelby GT350H von 1966. Ford und Shelby bauen 936 Fahrzeuge für die Hertz-Autovermietung. Sie tragen spezielle Magnum-500-Stahlfelgen.

Karosserieabmessungen in mm

	Fastback
Länge	4613
Breite	1732
Höhe	
1965	1260 (Circawert, Straßenversion)
1966	1298
Radstand	2743
Leergewicht in kg	
1965	1129 (Circawert, Straßenversion)
1966	1188

CALIFORNIA
2WHL650

version erntete Ruhm, indem sie die Klasse dominierte, die eigentlich für Ferrari, Corvette, Jaguar, Mercedes und Lotus gedacht war. Die Shelby-Mustangs gewannen die „B-Class" der nationalen SCCA-Meisterschaft 1965. Es war nicht nur der „Muscle-Mustang" geboren, es etablierte sich mit ihm eine komplett neue Vermarktungsstrategie. Der Käufer konnte seinen nagelneuen GT350 beim Händler kaufen, im Alltag nutzen – und sich am Wochenende auf der Rennstrecke austoben.

Gegen Ende der Modelljahrs 1965 Ende Juli, Anfang August, wurde ein letzter Schwung von 252 '65er Fastbacks von San Jose nach Los Angeles gebracht. Und da der überarbeitete 1966er Mustang bereits in den Startlöchern stand, war Shelby nicht sonderlich begeistert, das alte Modell verkaufen zu müssen. Die Lösung? Man verwandelte Autos des Modelljahrs 1965 in solche von 1966. Das geschah hauptsächlich dadurch, dass man ihnen den '66er Kühlergrill sowie hintere Seitenfenster aus Plexiglas verpasste, wie es sie nur bei Shelby gab. Obwohl die Fahrzeuge noch immer 1965er VINs und Typenschilder besaßen, war ihr Look mit den neuen Teilen kräftig aufgefrischt. Diese 252 GT350 werden heute als „Changeover"-Shelbys bezeichnet.

Für das Modelljahr 1966 wurden die GT350 etwas entschärft. Der von Shelby bearbeitete 289-Hi-Po war potent wie eh und je, der Renner selbst jedoch wurde gleichsam etwas zivilisiert. Ford und Shelby hatten viel Feedback von Käufern und potenziellen Kunden erhalten: „Er hat nur zwei Sitze." – „Er ist nur in Weiß verfügbar." – „Auspuff und Differenzial sind zu laut." – „Das Fahrverhalten ist zu ruppig." – „Warum gibt es nur das Viergangschaltgetriebe?"

Für 1966 bekam der GT350 also eine Vielzahl an Detailverbesserungen und eine relativ breite Auswahl von fünf Farben. Autoverleiher Hertz bestellte 936 speziell präparierte Autos für seine Top-Kunden. Diese Fahrzeuge waren leicht an ihrem „GT350H"-Schriftzug an der Seite zu erkennen.

Insgesamt baute Shelby vom 66er Jahrgang 2306 Fastbacks. Es sollen zum Ende des Modelljahrs außerdem sechs Cabriolets gebaut worden sein.

1966 zog sich Shelby aus dem SCCA-Wettbewerb zurück. Für ihn hatte sich der Erfolg im Rennsport bezahlt gemacht. Und Ford war glücklich, dass die erste Mustang-Generation die sportlichen Erwartungen in höchstem Maße erfüllt hatte.

Oben: 1965er Shelbys begannen ihr Leben als Standard-Fastbacks und trugen die serienmäßigen Luftschlitze.
Links: Die speziellen GT350-Seitenstreifen erinnern ein wenig an die der GTs, aber mit Shelby-Style.

Das GT350-Emblem am Heck ist dezent und auf das Wesentliche beschränkt.

1966 bekommen die Shelbys endlich einen eigenen Tankdeckel. Die 65er tragen das Serienteil. Foto: Tom Shaw

Das offizielle Shelby-Typenschild wird über die VIN auf der Kotflügelinnenseite genietet. Das Schilddesign bleibt 1965 und 1966 unverändert. Foto: Tom Shaw

Karosserie und Außenausstattung

Auf den ersten Blick wirkten die 1965er Shelby GT350 wie normale Fastback-GT. Sie besaßen aber eine leichte Fiberglas-Motorhaube mit einer flachen Lufthutze. Der Standard-Kühlergrill wurde aufgefrischt, indem man das Grillornament und die Zierleisten entfernte und auf der linken Seite das klassische Mustang-Emblem mit dem „Running Horse" und der Trikolore anbrachte. Alle anderen Mustang-Embleme, bis auf das auf dem Tankdeckel, wurden entfernt. Die GT350 zierten breite blaue Rennstreifen oberhalb der Schweller. Die meisten Fahrzeuge trugen außerdem noch ein kleines GT350-Emblem am Heck. Die Krönung waren dann die breiten blauen Le-Mans-Streifen, die sich über das komplette Fahrzeug zogen.

Bei den 1965er Modellen wurden außerdem die Federn der Haubenscharniere entfernt. Man hatte Bedenken, dass die Fiberglashauben unter deren Druck brechen oder sich verziehen würden. Dieses Problem tauchte bei den 1966er Modellen dank metallverstärkter Hauben nicht auf.

Die Shelby GT350 hatten im Modelljahr 1966 außerdem seitliche Lufteinlässe zur Kühlung der hinteren Bremsen sowie anstelle der Entlüftungsschlitze Plexiglaseinsätze in den hinteren Dachsäulen. Bei den Cabriolets waren die seitlichen Lufteinlässe wegen des Verdeckmechanismus ohne Funktion. Wie die 1966er Standard-Mustangs hatten auch die Shelbys Rückfahrscheinwerfer. Außerdem gab es nun einen Shelby-Tankdeckel.

Der Spruch „Sie können Ihren Shelby in jeder beliebigen Farbe bestellen, solange es Wimbledon White ist" galt nicht mehr. GT350 waren in Raven Black, Sapphire Blue, Candyapple Red oder Ivy Green Metallic erhältlich. Oh, und natürlich immer noch in Wimbledon White.

Die meisten der speziellen Hertz-Shelbys waren schwarz mit goldfarbenen Le-Mans-Streifen, aber ungefähr 200 trugen eine der anderen Farben der Palette.

Die Shelby-Seitenstreifen waren 1966 etwas schmaler und höher angebracht. Weiße Fahrzeuge bekamen wieder blaue Streifen, während alle anderen Lackfarben mit weißen Streifen verziert wurden.

Farbcodes

	DuPont	Ditzler
Für 1965 und 1965er Übergangsfahrzeuge:		
M=Wimbledon White	4480	8378
Für 1966		
M=Wimbledon White	4480	8378
A=Raven Black	88	9300
G=Sapphire Blue	4734	13075
T=Candyapple Red	4737	71528
R=Ivy Green Metallic	4611	43408

Die spezielle Shelby-American-VIN-Plakette

Die Shelby GT350 der Baujahre 1965 und '66 hatten eigene „Shelby-American"-Plaketten, die über die Ford-VIN auf der Innenseite der Kotflügel genietet wurden. Das Typenschild an der Fahrertür wurde bei Shelby entfernt und nahm dem Mustang seine ursprüngliche Identität. Man betonte so zwar die Tatsache, dass es sich um reine Shelbys handelte, sorgte so aber für Chaos, wenn diese Fahrzeuge später zum Service gebracht wurden. Alle originalen Ford-Identifikationsmerkmale waren getilgt worden.

Generelle Spezifikationen

Fertigungsstätte

Alle 1965 und '66er Shelby GT350 kamen aus dem Ford-Werk in San Jose, Kalifornien und wurden bei Shelby American in Los Angeles „shelbisiert".

Karosserievariante

Alle Shelby-Mustangs der ersten beiden Jahre waren Fastbacks. Außerdem wurden ungefähr sechs Cabriolets zum Ende des 1966er Modelljahres gefertigt.

Motor

Der GT350-Motor der Baujahre 1965 und '66 war ein von Shelby getunter 289-4V (K-Code).

Fortlaufende Seriennummer

Für alle Autos der ersten beiden Jahre wurden Shelby-eigene Seriennummern vergeben.

Der Innenraum eines Serienmustangs verwandelt sich beim 1965er Shelby GT350 in den eines straßenzugelassenen Rennwagens. Shelbys riesiger Drehzahlmesser und eine Öldruckanzeige teilen sich eine Hutze auf dem Armaturenbrett.

Mit dem Design des Lenkrads änderte sich bei den Shelbys 1966 auch die Nabenabdeckung, wenn auch nur leicht. Foto: Tom Shaw

Oben: Bei den 1965er Modellen entfallen die schweren Rücksitzbänke und werden durch leichte Fiberglas-Abdeckungen ersetzt. Zur Verbesserung der Traktion wird dort das Reserverad direkt über der Hinterachse positioniert.

Oben rechts: Sicherheitsgurte im Rennstil ersetzen die Standardware.

Rechts: Das 1966er Shelby GT350-Interieur

Unten links: Da der Shelby-Mustang wieder auf dem K-Code basiert, reicht der Tachometer bis 140 mph.

Unten rechts: Der elliptische Instrumententräger auf dem Armaturenbrett ist 1966 bereits wieder Geschichte und wird durch einen einzelnen, großen Drehzahlmesser ersetzt.
Fotos: Tom Shaw

Innenausstattung
Alle Fahrzeuge erhielten die Mustang-Standardinnenausstattung.

Innenraumfarbe
Standardfarbe war schwarz.

Getriebe
1965 wurde ein Borg-Warner-Viergangschaltgetriebe verbaut, 1966 konnte man außerdem die Ford-C4-Cruise-O-Matic bestellen.

Innenraum
Die Innenausstattung aller 1965er Modelle basierte auf der schwarzen Mustang-Basisversion. Das speziell entwickelte Dreispeichen-Lenkrad war flach und mit Holzkranz versehen. Der ovale Shelby-Instrumententräger auf dem Armaturenbrett barg einen großen 8000/min-Drehzahlmesser sowie eine Öldruckanzeige. Sicherheitsgurte mit einer Breite von drei Zoll waren Standard.

Bei 1965er Shelbys wichen die Rücksitze einer einteiligen Fiberglasabdeckung. Der Feuerlöscher auf dem Foto auf Seite 122 ist kein offizielles Shelby-Teil, er wurde nachträglich vom Besitzer eingebaut.

Oben: Den 1965er K-Code-289-4V haben Shelby und seine Jungs modifiziert.
Unten: Die Shelby-Fiberglasmotorhauben haben anstelle des herkömmlichen Haubenschlosses Verschlusszapfen mit Sicherungsstiften wie im Rennsport.

Der Motorblock in Ford Corporate Blue weist auf einen K-Code von 1966 hin. Dieser treibt einen der Hertz-Shelbys an.

Im Modelljahr 1966 bekam der GT350 das neue Mustang-Interieur mit den fünf Instrumenten. Darin war auch eine Öldruckanzeige enthalten, und so wurde anstelle des ovalen Instrumententrägers in der Mitte ein großer Drehzahlmesser mit Skala bis 9000/min montiert. Das Lenkrad für 1966 war die Deluxe-Version mit Holzdekor aus der Mustang-Zubehörliste. Der Hupenknopf wurde allerdings durch eine spezielle Shelby-Version mit GT350-Logo wie auf dem Tankdeckel ersetzt.

Auf vielfältigen Kundenwunsch kamen die umklappbaren Rücksitze wieder zurück und wurden Standard. Etwa hundert der frühen 1966er Fahrzeuge wurden allerdings noch mit der hinteren Fiberglasabdeckung der Vorjahresfahrzeuge ausgeliefert.

Chassis

Obwohl Shelby einige Modifikationen am Fahrwerk unternahm, blieb die Chassis-Basis unangetastet.

Motor

In beiden Baujahren gab es für den GT350 nur einen Motor: den drehfreudigen 289 K-Code mit Vierfachvergaser. Wir beschränken uns hier auf die „zivilen" Versionen und lassen Shelbys Rennmotoren außen vor. Man kann aber mit Sicherheit sagen, dass diese mehr als 350 PS leisteten.

Beim Tuning der Straßenmotoren bediente sich Shelby American eines Standard-289er Hi-Po und stattete ihn mit einigen Spezialteilen aus, die ihn gegen die wachsende Zahl von Muscle Cars bestehen ließen. Eine eigens entwickelte hohe Ansaugbrücke aus Aluminium wurde mit einem 715-cfm-Holley-Vierfachvergaser kombiniert, und gerippte Cobra-Ventildeckel ersetzten die verchromten Standardteile des Hi-Po. Eine größere Ölwanne aus Aluminium und Tri-Y-Fächerkrümmer rundeten die Modifikationen unter der Haube ab.

1966 gab es lediglich die Änderungen kosmetischer Natur, die auch die Serien-Mustangs erfuhren. Alle Motorblöcke waren nun Ford Corporate Blue lackiert, auch jene, die an Shelby geliefert wurden.

Alle 1965 und '66er Shelbys erhielten einen „Monte Carlo Bar", benannt nach der Versteifungsstrebe, wie sie bei europäischen Rennen in Falcons verbaut wurde. Sie wurde zwischen den Seitenwänden des Motorraums verbaut und verstärkte so das Fahrgestell. Zusätzlich ersetzte eine einteilige Domstrebe, die die Federdome mit der Spritzwand verband, das zweiteilige Standardteil aus dem Ford-Teileregal und brachte somit weitere Verwindungssteifheit.

Abgasanlage

Die speziellen 4-2-1-Krümmer (Tri-Y) führten in

Cabrio plus Aircondition – mehr Klimatisierung geht nicht. Das Cabrio in Springtime Yellow, eins von nur einer Handvoll zum Ende der 1966er Produktion gebauten, ist gut ausgestattet. Foto: Tom Shaw

Hosenrohre, die in Höhe des Getriebeausgangs mit einem Querrohr verbunden waren. Von dort aus mündeten die strömungsoptimierten Rohre in zwei Schalldämpfer vor der Hinterachse. Bei den 1965er Modellen wurden die Endrohre dann direkt vor den Hinterrädern seitlich herausgeführt, bei den Modellen 1966 verliefen die Rohre dagegen nach hinten weiter und endeten unter dem Heckblech.

Getriebe

1965 gab es nur das eng abgestufte Borg-Warner-Viergangschaltgetriebe mit Aluminiumgehäuse. 1966 konnte, aufgrund vielfachen Kundenwunschs, auch ein Ford-C4-Automatikgetriebe geordert werden. Das Borg-Warner-Getriebe blieb aber die Grundausstattung.

Ein Nachteil bei der Bestellung eines GT350 mit Automatikgetriebe war der Verlust des Holley-Vergasers. Die Automatikfahrzeuge erhielten einen Autolite-Vergaser mit 595 cfm.

Hinterachse

Die gesperrten 9-Zoll-Hinterachsen der 1965er Modelle waren mit dem „No-Spin“-Differenzial von Detroit Automotive ausgestattet. 1966 war dagegen serienmäßig eine ungesperrte Hinterachse verbaut, ein „Detroit Locker“ war aber als Option verfügbar.

Kardanwelle und Kreuzgelenke

Alle Modelle besaßen offenliegende Kardanwellen mit Kreuzgelenken an beiden Enden. Für maximale Stärke und geringes Gewicht waren die Kardanwellen aus nahtlosem Stahlrohr hergestellt. An beide Enden wurden geschmiedete Gabeln geschweißt, und abschließend wurde das Ganze dann feingewuchtet. Die Kreuzgelenke besaßen gekapselte, vorgeschmierte Nadellager, die etwa alle 50.000 Kilometer abgeschmiert werden mussten.

Standardmotor K-Code

Motorentyp:	Achtzylinder in 90°-V-Anordnung, hängende Ventile
Hubraum:	289 CI (4,7 l)
Fertigungsgruppe:	Fairlane V8
PS bei 6000/min:	306
Drehmoment bei 3400/min:	444 Nm
Ventilstößel:	mechanisch/einstellbar
Vergaser:	Holley, 4V (715 cfm)
Treibstoffart:	Superbenzin

Fahrwerk

Das Fahrwerk des 1965er Shelby-Mustang war mit einem 1 Zoll starken Frontstabilisator, speziellen Umlenkhebeln, versetzten oberen Querlenkern, einstellbaren Koni-Stoßdämpfern und hinteren Traction Bars modifiziert worden. Gegen zu starkes Ausfedern der Hinterachse wurden spezielle Stahldraht-Fangseile montiert.

1966 machte Shelby nach vielen Beschwerden über das raue Fahrverhalten einige Fahrwerksmodifikationen wieder rückgängig. Die oberen Querlenker blieben an ihrem ursprünglichen Platz, Koni-Stoßdämpfer waren nur noch als Option zu haben (jetzt waren „heavy-duty"-Ford-Stoßdämpfer Standard), und die an der Oberseite der Hinterachse angeschweißten Traction Bars wurden durch unten angeschraubte ersetzt.

Beim 1965er Modell waren die Batterien zur besseren Gewichtsverteilung in den Kofferraum verlegt worden. Diese Maßnahme erfüllte zwar ihren Zweck, einige Kunden klagten jedoch darüber, dass auslaufende Batteriesäure ihre Kofferraummatten zerfraß. Also kehrten die Batterien 1966 wieder zurück in den Motorraum.

Bremsen

Bei den 1965er und 1966er GT350 waren vorne große Scheibenbremsen mit Vierkolbenbremssätteln von Ford verbaut. An der Hinterachse fanden sich größere Trommelbremsen aus dem Galaxie-Kombi. Vorne wie hinten bestanden die Bremsbeläge aus gesintertem Metall.

Kühlung

Alle GT350 erhielten „heavy-duty"-Kühler mit 13,3 Litern Kapazität. Der Thermostat fand sich am oberen Wasserauslasskanal des Motors. Die Kühlerventilatoren hatten vier Blätter, und spezielle Leitbleche sollten die Kühlleistung verbessern.

Felgen und Reifen

1965 war eine silberfarben lackierte Kombi-Stahlfelge im Format 15x5,5 mit Chrom-Radmuttern Standard. Frühe 1966er Modelle besaßen die 1965er Shelby-Cragar-Felgen, bis diese nicht mehr lieferbar war. Danach gehörte eine grau lackierte 14-zöllige Magnum 500 mit schwarzem Felgenstern zur Grundausstattung.

Unten links: Optional für 1966er Shelbys sind entweder die neuen 10-Speichen-Aluminiumfelgen oder die verchromte Version der Magnum-500-Felgen, wie sie auf dem Hertz GT350H zu sehen sind. Beide Modelle sind 14-Zöller.

Unten rechts: Die optionale Shelby-Felge ist im Modelljahr 1965 diese 15-Zoll-Cragar-Felge. Standard ist eine 15-Zoll-Stahlfelge, wie sie normalerweise Ford-Kombis tragen.

Ford-Bildung mit HEEL

320 Seiten, 210 x 270 mm,
gebunden
ISBN 978-3-95843-499-8
€ 45,–

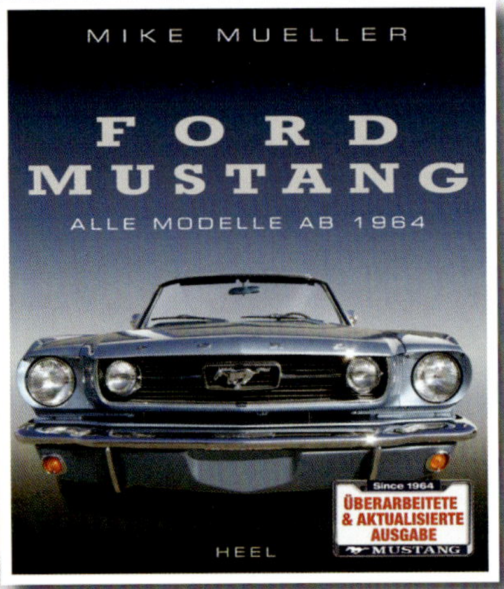

304 Seiten, 252 x 310 mm,
gebunden mit Schutzumschlag
ISBN 978-3-95843-358-8
€ 49,95

176 Seiten, 247 x 340 mm,
gebunden mit Schutzumschlag
ISBN 978-3-86852-823-7
€ 29,95

208 Seiten, 170 x 240 mm,
Paperback
ISBN 978-3-95843-760-9
€ 19,99

64 Seiten, 148 x 210 mm,
Paperback
ISBN 978-3-86852-935-7
€ 12,–

jährlich aktualisiert

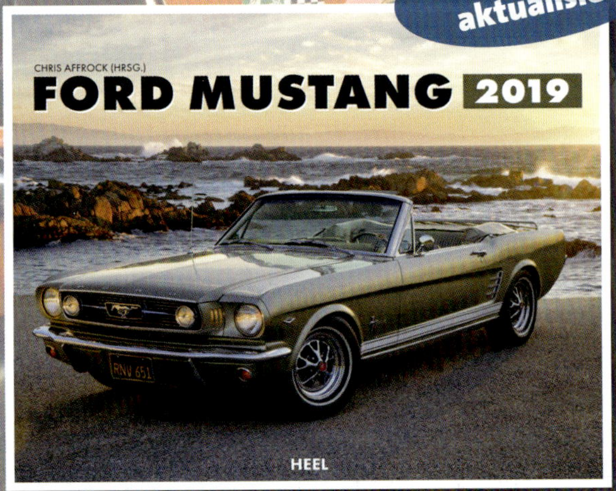

Kalender, 14 Seiten Kunstdruck,
595 x 480 mm, Spiralbindung
€ 24,99

Unser komplettes Programm erhalten Sie in jeder Buchhandlung und unter www.heel-verlag.de